本书为天津社会科学院重点课题
"农村绿色发展评价与政策研究(21YZD-10)"研究成果
并由天津社会科学院 2023 年度学术著作出版资助项目资助出版

天津社会科学院生态文明研究系列

农村人居环境治理
与绿色价值评价研究

常　烃◎著

天津社会科学院出版社

图书在版编目（ＣＩＰ）数据

农村人居环境治理与绿色价值评价研究 / 常烃著
-- 天津 ： 天津社会科学院出版社，2023.8
ISBN 978-7-5563-0912-2

Ⅰ. ①农… Ⅱ. ①常… Ⅲ. ①农村－居住环境－环境
综合整治－研究－中国 Ⅳ. ①X21

中国国家版本馆 CIP 数据核字(2023)第 171022 号

农村人居环境治理与绿色价值评价研究
NONGCUN RENJU HUANJING ZHILI YU LüSE JIAZHI PINGJIA YANJIU

责任编辑： 杜敬红
责任校对： 王　丽
装帧设计： 高馨月
出版发行： 天津社会科学院出版社
地　　址： 天津市南开区迎水道 7 号
邮　　编： 300191
电　　话： (022) 23360165
印　　刷： 高教社（天津）印务有限公司
开　　本： 787×1092　　1/16
印　　张： 17.5
字　　数： 263 千字
版　　次： 2023 年 8 月第 1 版　　2023 年 8 月第 1 次印刷
定　　价： 78.00 元

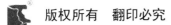

目　录

前　言

农村人居环境治理的重要性在于提高农村居民的生活质量和环境卫生。一个良好的农村人居环境不仅有助于改善居民的健康状况,还能为农村经济发展和社会进步创造良好的条件。本书从了解农村人居环境治理的现状和问题着手,通过能值研究方法客观评估和分析农村人居环境的绿色价值,提出合理的建议,为政府决策和规划提供有力的支持,从而推动农村人居环境建设继续完善。

本书由四篇构成。第一篇为农村人居环境理论基础,包括第一章和第二章。第一章为农村人居环境的相关概念综述和国内外研究进展。第二章总结新中国成立以来农村人居环境治理的历程和政策演变,同时介绍国外发达国家在农村人居环境建设方面的经验做法。第二篇为农村人居环境治理实践,包括第三章、第四章和第五章。第三章以天津市为例实地调研农村人居环境整治工作,并分析农村人居环境整治推进过程中的整体现状及问题,为更好地开展农村人居环境建设工作提供实践样本。第四章以清洁取暖补贴政策为例分析农村人居环境治理的政策效果。第五章通过第三章的深度访谈资料,应用扎根理论研究驱动农村环境治理的深层次因素。第三篇为农村人居环境绿色价值评价,包括第六章和第七章。第六章引入能值的概念,对农村人居环境的绿色价值进行客观评价,并建立农村人居环境能值系统评价模型。第七章在前述基础上,系统分析典型的绿洲农业地区——新疆和田地区农村人居环境能值代谢的系统特征与各项代谢评价指标,并进行能值的结构分解与效率分析。第四篇结合乡村振兴论述农村人居环境建设的绿色战略意义,包括第八章和第九章,从乡村振兴的宏观战略视角出发,从理论上对农村发展路径优化策略进行分析。

由于笔者水平有限,书中难免有疏漏,敬请读者批评指正。

常　烃
2023 年 2 月

第一篇
农村人居环境理论基础

第一章　相关概念与研究进展

　　农村人居环境的治理与评价具有系统性、科学性与复杂性等特点,其内涵既具有人居环境学科、生态环境学科和农业经济学科等相关学科的普遍性,又兼具自身的特殊性。对农村人居环境进行系统和全方位的研究,需首先厘清人居环境、农村人居环境和人居环境评价的相关概念,同时梳理国内外对相关问题的实践和理论研究进展,以便为后续实践部分提供研究思路和理论支撑。

第一节　农村人居环境相关概念

一、人居环境

　　一般认为"人居环境"理念最早由希腊建筑规划学家道萨迪亚斯(Constantinos Apostolos Doxiadis)在 20 世纪五六十年代提出(Doxiadis,1962,1970),他重新定义了"人类聚居学"(Ekistics)的含义,将其视为整体研究对象进行系统性、科学性和综合性研究,即人居环境科学(Science of human settlements)。这是一门旨在探讨包括城市与乡村在内的人类聚居客观规律,用以指导人类进行城乡建设活动的学科。

　　道萨迪亚斯所提的"人类聚居学"的要素和主题在于"settlements",无论简单或复杂,旧或者新,小还是大,临时抑或永久,单一到复杂,都属于"settlements"范畴。它包括五种基本要素：自然、人类、社会、网络功能和居所（壳）。自然由地球和其他任何自然形态组成，人类影响和居住在自然中，并形成人类社会，网络功能使得人类生存与发展，居所是人类为了改造自然环境而建造并能容纳人类、社会和网络功能。人居环境既不能抛开五种要素中的任何一种要素而存在，也不能局限于任何一种要素中。人居环境的核心在于人类的幸福，除此之外别无他物，通过优化五种要素的排列组合，最终形成适合人类居住的环境与居所，使全人类的福祉最大化，迈向更美好的未来。道萨迪亚斯提出人类聚居学的理念，认为为了实现人类幸福的目标必须采取三个方式：①研究人居环境所包含的所有要素；②为了各要素的未来发展而作出构想；③必须采取行动对自然、网络功能和居所进行塑造，这样才能实现人类愿景。

我国在引进"settlements"一词时曾将其译为"生境"，本意是想借用属于自然科学生态学中"栖息地"一词的内涵。然而经过深入研究，"生境"一词似乎并没有什么实质性的进展。"settlements"的含义也一直在变化，从原来指"栖息地"，到现在指各种生物群落组成体即生态系统，再到如今指生境中那些既可以生存又能发挥某种功能作用的物质与能量。虽然说在生物学中，生境可以被理解为生物体为了自己的生存而采取或创造的一些物质或能量环境方面，但是生境这一概念并不是单纯从生物学角度来理解。在生态学中，生境不只指生物赖以生存之地。在"settlements"这种含义下，其含义也包括了生态系统、生物群落等多方面内容（鲍梓婷，2016）。

因此，在萨迪亚斯人类聚居学理念的影响下，吴良镛院士结合我国实际情况，在1989年《广义建筑学》一书的基础上于1993年正式呼吁建立"人居环境科学"（吴良镛，2001）。吴良镛院士认为"生境"一词不能将多样性的概念全部包含进去，并建议重新将"Human Settlements"译为"人居环境"（吴良镛，1996）。他认为"人居环境"不仅指人类居住的房屋，或者农村与城市等实体，而是包含有任何"人类从事有组织活动的地方"这样一个广泛的范畴，具有整体性、系统性和科学性，不能仅从某一个学科角度进行研究。人类居住和活动的一切过程，如交通、文化、生产、娱乐、吃住行等活动过程都应该包含在内（吴良镛，1996）。这在当时是一种人与自热和谐发展的超前理念，并逐渐形成具有我国特色的人居环境科学。《人居环境科学导论》(吴良镛,2001)是吴良镛院士团队所著的经典教材,在总结之前思想的基础上制定出适合我国国情的人居环境科学研究体系,对人居环境学的定义、人与环境和谐发展的理念以及未来学科发展道路进行详细阐述。书中在建筑学与地理学的理念下提出人居环境学应重视人地关系以及相互作用的研究,创新性地将研究内容进一步分解成全球、国家(或区域)、城市、社区和建筑五大层次,建立适合我国实际情况的人居环境层次观。每一层次的研究重点与关注内容,对不同层次不同研究内容进行具体问题具体分析。同时对人居环境科学学科体系建设提出宏观的建议,认为该学科集生态、经济、技术、社会观与人文于一体,是一个开放性、交叉性学科,研究时可以选择一个侧面进行切入,也可以选择五大层次中的一种进而研究各要素之间的关系。吴良镛院士所提出的大人居环境观对于我国宏观经济发展与社会建设产生重大的影响,后来的人居环境研究都受到该理论的深远影响。

二、农村人居环境

人居环境的研究起源于工业革命出现的大城市环境治理问题,很长一段时间其重点在城市而非农村。西方国家开始工业革命较早,于是很早就陆续经历了城市污染问题、农村环境破坏问题以及逆城市化发展问题等。对农村的相关研究最初的出发点在于对农村和农业地理特征的归纳总结,理论研究集中在农村地理区位的分布、乡村聚落形态的普遍性特征以及农业产业和土地利用的分布问题(Von Thünen,1842;Mayhew,1973)。工业化发展初期,农村与城市发展之间并无广泛的相互影响,农村发展呈现出田园牧歌的景象,是一个相对独立且封闭的系统,在这一时期以地理学研究为主。"大城市病"最终波及农村,城市的环境污染导致大城市居民反向流动到乡村,进而导致农村环境也遭到破坏。一些研究将农村人居环境纳入城市人居环境体系中进行分析(Fidler 等,2011;Yuliastuti 等,2014),例如研究发展中国家城市郊区贫民聚居区城市化进程中的可持续发展问题(Aguilar,2008;Komeily 等,2015)。将农村人居环境纳入城市人居环境研究体系似乎成为学界的一种共识,因此农村人居环境研究处于话语权的弱势地带。国外聚焦于农村人居环境的研究较少,联合国人居署曾分别于 1976、1996 和 2016 年召开会议,均没有专门将农村人居环境作为特定议题,而是提出要平衡大城市、小城镇和农村等各个层次的人居环境发展(赖楚杨,2021)。

我国的城镇化起步较晚,随着工业化和现代化进程的加快,农村人口不断向城镇迁移。与此同时,城乡发展不平衡,农村人居环境问题日益突出且亟待改善。20 世纪 80 年代以来,随着我国经济社会的快速发展和城乡一体化进程的加快,农村人居环境出现了一系列问题:一方面城市生活垃圾污染加剧;另一方面农村环境保护意识薄弱、基础设施建设落后、生活方式落后等导致了垃圾处理不到位和水污染加剧。与此同时,农村地区大量青壮年劳动力向城市迁移,留守老人和儿童问题突出;农村地区发展不平衡、基础设施建设落后等又进一步增加了城乡人居环境的压力。因此我国对于农村人居环境的研究在延续广义人居环境定义与框架的基础上,具有我国社会主义农村的特点。李伯华(2008)等人从地理学角度认为,农村人居环境应具有社会、地理和生态属性,是三方面的系统综合。社会属性意味着农村人居环境的核心是人,是农村居民,在人们交流活动过程中产生一系列文化、习俗和行为价值等人文内容。地理属性表明人类活动产生于地理空间之上,任何活动不可能脱离实体空间而单独存在,这也包括人类在活动中创造出来的各项物质实体。自然属性代表人类发展所需的各类自然资源和自然物质。社会、地理和生态三者之间通过逻辑有机联系在一起,组成农村人居环境的内容。对比广义的人居环境研究五要素,该理论将自然要素与居住要素分为地理与生态两类,而将社会和支撑网络归总为社会属性,此观点没有突出"人"这一要素,而是将其隐含在理论内部。而孙慧波(2019)等人将农村人居环境二等分,将其划分为硬环境与软环境两类。硬环境包括所有有形的实体物质,是地理、社会与生态的统一实体,也包括农村居民实际生活中所需要的居住建筑、交通等基础设施以及污水垃圾处理等环境卫生。软环境包括所有无形的社会事务,如经济发展、社会服务以及幸福感等。该理论是广义人居环境理论的再总结与升华,同样将"人"这一要素隐含其中。

我国在农村人居环境治理实践中将理论与实践有机结合,体现了社会主义核心价值观中共同富裕的理念和人类命运共同体的格局。2014 年国务院出台《关于改善农村人居环境的指导意见》，其中明确提出实际、具体和可操作的要求："到 2020 年，全国农村居民住房、饮水和出行等基本条件明显改善，人居环境基本实现干净、整洁、便捷，建成一批各具特色的美丽宜居村庄。"2015 年至 2018 年是改善农村人居环境集中发力的几年，每年的"中央一号"文件都将农村人居环境纳入工作重点，2018 年特别提出要实施乡村振兴战略，按照"产业兴旺、生态宜居、乡风文明、治理有效、生活富裕"的总体要求进行布局。生态宜居被列在第二位，可见其重要程度。2018 年 2 月，国家正式公布《农村人居环境整治三年行动方案》，其中具体治理内容包括农村生活垃圾、厕所粪污、农村生活污水、村容村貌、村庄规划管理以及完善建设和管护机制等一系列农村环境问题。至此，我国形成了完整的具有我国特色的农村人居环境治理体系。

三、人居环境评价

国内外学者对于人居环境评价的理论界定有着不同角度的阐释。首先，是由学科角度决定的关注点不同。人居环境学起源于建筑学，人居环境评价的内涵不断丰富发展，其研究边界也不断拓展，人居环境评价指标选取、评价体系建设以及评价方法应用，根据不同学科、不同研究地域和不同时间跨度而不同。人居环境评价在地理学（朱彬等，2015；曾菊新等，2016；唐宁等，2018）、经管学科（孙慧波等，2019）、城市规划学（彭震伟等，2013；刘建国等，2014）、风景园林学（张云路等，2017；刘滨谊，2018）等不同学科中均有不同理解与侧重点，使用方法也各不相同。一些学科关注点在于宏观层面指标体系的建立，综合选取一定标准进行时间和空间维度的评价对比（魏伟等，2012）；另外一些学科转向关注居民舒适度、农村厕所等微观角度进行细致入微的研究（彭超等，2019）。总体来看，人居环境的评价有着学科不断交叉融合，研究视角宏微观结合，获取研究所需数据更加朝向数字化和现代化演变的趋势。

其次，对于人居环境指标的选取，哪些指标能反映出人居环境状态的变化趋势和动态范围，以及环境子系统之间协调与对抗程度的评价，这是不同学科之间达成的共识。张文忠（2013）等人按照指标状态将人居环境评价指标分为三大类:静态的状态型指标,动态的趋势型指标,以及远景的目标导向型指标。按照指标获取方式,又可以将指标分为宏观获取数据和微观获取数据。其中宏观获取数据可由遥感卫星影像和统计资料获得(Wang 等,2001),微观获取数据可由调查访谈和微观行为调查获得(龙瀛等,2012)。

最后,对于人居环境指标体系的建立,通常结合指标的选取综合考量,通过连贯的逻辑与理念建立一套指标体系贯穿研究始终。张文忠(2013)等人总结了各类指标体系建立的逻辑理念,认为大多数研究使用的指标体系有三类。第一类是块状结构,按照所研究的子系统分类、各部门分类以及具体研究问题将指标分为若干模块结构,各个模块之间是并列和子系统的关系。第二类是指标—目标结构,通过描述人居环境未来希望达成的目标,直接与所选取指标相关联,评估指标来确定目标是否达成(Tuxworth,1996)。第三类指标体系是逻辑组织结构,通常该指标体系具有综合性、灵活性和因果关系。最典型的当属 Pressure-State-Response 即压力—状态—响应模型(Berger 等,1998),指标之间具有明晰的因果关系,人类对所生存的人居环境施加压力后,人居环境产生相应的变化,从而人和社会系统对环境产生的变化作出响应。建立完善的指标系统是一个综合、复杂和整体性工作,各指标之间互不重叠又相互关联,衡量各指标的单位也很难统一。

自从人居环境评价体系引入中国后,我国学者对于人居环境的指标选取、评价体系建立和指标获取方法方面取得一系列成果。早期学者对于人居环境的评价指标体系建设大多属于块状结构,结合我国实际与政府部门分工而确定各指标组成(李王鸣等,1999;宁越敏等,1999)。随着人居环境复杂性的提升,指标评价体系也逐渐由块状结构转向综合性指标体系。例如谭少华(2009)、张欣慧(2012)等人将能值研究引入人居环境学科中,建立人居环境建设的能值评价方法。

第二节　国内外研究进展

一、农村人居环境问题产生及影响因素研究

西方发达国家的农村人居环境问题最初始于种植业和畜牧业,是农村内源性污染问题。之后随着工业革命的广泛发展,城镇化迅速发展推进,机器化大工业逐渐成为主流,人口开始呈现指数式增长,对于农产品的需求也逐渐增加。英国开始对农业进行全面改革。首先是对农业生产进行大规模的机器作业,农业生产变为高度集约化,然后是建立完善的现代农业经营体系。这种变革极大地提高了生产效率,促进了农业生产的发展,但也最终产生了一系列生态环境问题。例如农村耕地的土质退化和肥力下降,农村水污染、空气污染等问题。这样农村的生态环境保护与人居环境建设逐渐受到政府部门和诸多学者的关注。20 世纪 60 年代,国外的生态环境领域与经济领域的学者开始聚焦农村人居环境破坏问题,最经典的理论是福利经济学家庇古所创立的庇古税(Pigovian tax)理论,使用其"外部性"的术语对农村人居环境破坏污染问题进行理论分析(庇古,2013)。到了 20 世纪 70 年代,对于农村人居环境产生的原因与影响因素的研究逐渐转向宏观特征方面,由起初的相关因果影响因素分析和时空演变分析逐渐转变到与污染源有关的主要污染物和关键排放源区的空间分析。进入 20 世纪 80 年代,计算机技术和高精度卫星遥感技术进入高速发展时期,学术界对于农村人居环境的数据获取进入数字化时代,统称"3S"技术的遥感技术(Remote Sensing, RS)、地理信息系统(Geography Information Systems, GIS)和全球定位系统(Global Positioning Systems, GPS)迅速发展,为人居环境监测、地理数据建模和污染物排放追踪提供更多更新的研究视角(李婷等,2011)。国外农村人居环境研究逐渐向技术型、实用型和数据型发展,与研究地区实际情况相结合。同时,逐渐探索更多研究方法。进入 20 世纪 90 年代,国外更多是从农

村环境质量的评价及其变化特征和人居环境变化对社会经济等影响方面展开研究。从交叉学科角度来看,许多学者从公共物品公平性、产权制度、环境外部性、财税制度等视角对农村人居环境的影响因素进行研究,并且创立了一系列数学研究工具和计算模型。

我国对于农村人居环境问题的重视和学术研究晚于西方发达国家。新中国建立后至 20 世纪五六十年代,我国农村和农业的主要精力放在粮食生产上,各地人民公社以百倍干劲积极投入农产品种植活动中。但新中国建立初期我国对于粮食需求很大,生产技术又相对落后,没有多余精力再关注农村人居环境建设,农村民居建设相对落后,农药化肥的不当使用造成农村环境污染。改革开放后,随着经济发展和对农村的关注逐渐增加,人们对农村人居环境越来越重视。人们开始意识到人居环境问题对农村经济发展的负面影响,并开始学习借鉴西方发达国家农村人居环境建设的相关理论与经验,并逐渐形成适合我们国家实际情况的建设思路。20 世纪 90 年代中后期,从城市到农村的环境问题日益凸显,农村人居环境问题显现出一定特点,一些学者首先从农村的面源污染问题展开研究,还有一些学者试图对我国农村人居环境基本情况进行总结。黄季焜等人(2010)抽样调查了 5 个省份 101 个村的人居环境情况,结果表明 1998—2008 年农村人居环境质量下降的村占比接近 44%,包括空气质量、饮用水质量、湖河水污染和土壤污染等。综合而言,农村人居环境问题大致可以归类为以下几种:一是农村人居环境的区域差异逐渐增大,发达地区首先开始农村人居环境治理(马冠南等,2021),而偏远地区的进程慢于发达地区;二是农村居民聚居方式的不同造成各地不同的人居环境问题,如一些地区将民居人为集中,生活方式的转变造成原来农村原本的自净能力被破坏,但另一些地区的分散民居又与现代生活排污的集中处理方式不匹配;三是农村基础设施和整体规划较为落后,缺乏系统规划,农村建筑和村容村貌散乱无序;四是发达地区农村较早开始工业化、城镇化发展,产业污染导致农村环境被破坏,特别是近些年网购增长导致快递服务业迅速发展,塑料包装物在农村不能妥善处理的现象还很普遍;五是城镇化快速发展导致农村人口空心化,农村文化失去话语权,从而社区文化逐渐衰落(彭超等,2019)。

农村人居环境问题有时间和空间的异质性,其产生也有一定共性。学者开始注意到,除了研究农村人居环境问题的表象,如何基于不同学科的研究视角,探索农村人居环境质量下降的影响因素显得格外重要。从微观角度对农村人居环境质量的影响因素进行研究,大部分学者采用微观数据调查的方式获取研究数据,其着眼点在于农户个体行为方式对农村人居环境各项衡量指标的影响。如劳动力迁移、农业生产行为和环境保护参与意愿等。研究表明,农村人居环境质量的下降与农户个体的行为方式有着直接关联,如农村劳动力转移在某种程度上对农村人居环境改善具有积极影响,而个体参与度对农村人居环境的影响存在直接相关(于法稳等,2019)。从中观角度对农村人居环境质量的影响因素进行研究,大部分学者从区域角度采用中观尺度的数据开展专项研究,根据不同区域的具体情况分析各类影响因素对农村人居环境的相应影响程度,这对区域发展产生有的放矢的实践意义。例如,一些学者对特定水域的农村人居环境开展评价,表明沿岸农村居民对水域排放过量氮磷等富营养化污染物是该区域人居环境破坏的主要因素。另一些学者则聚焦于农村厕所革命,针对农村厕所污染物排放对区域环境造成的污染影响进行研究。从宏观角度对农村人居环境质量的影响因素进行研究,大部分学者将研究视角聚焦于宏观经济和宏观数据上,从各个学科的视角对农村人居环境的影响因素进行研究。例如从经济学角度对农村人居环境进行研究(宋齐等,2022),一般认为环境资源具有公有性质,公共物品的产权外部性造成人居环境被破坏。也有学者从市场和政府失灵角度解释农村人居环境的无序状态。从社会学角度而言,一些学者引入社会学的"断裂"学术词汇来解释人居环境的恶化,认为城乡存在社会断裂的现象,这是人居环境不断恶化的更深层次原因(王瑞睿,2012),而人居环境的恶化又反向造成城乡社会的再断裂,形成恶性循环(李锦顺,2005)。

二、农村人居环境的建设机制与政策

国外对农村人居环境的建设起源于建筑学,但其治理路径和管理机制的着眼点主要还是经济学。一是从庇古的福利经济学角度,为政府进行人居环境建设的政府干预搭建了理论框架,成为政府干预社会治理的理论基础。二是纯市场理性及对政府管制的批判。自由主义经济学家认为人居环境和别的商品相同，也应该为其确定使用成本以及市场价格。三是产权角度的人居环境管理。一些学者采用产权理论对人居环境的产权设置以及被破坏问题之间的关系进行讨论，建立了环境产权交易理论。四是内在治理制度学说。这是介于纯市场理论与强政府干预之间的一种学说，认为应由人居环境的实际拥有个体自发组织并制订合约，在小规模的区域自治组织中可以试行这种政策，这种既不是纯自由市场交易，也不是绝对由政府规划主导的制度有其自身适用性和局限性。综上所述，国外对于农村人居环境的管理机制聚焦于特定的环境背景下，通过市场的手段与政府规划相结合，辅助运用环境税、排污费和生态补偿等多重手段，最终达到优化农村人居环境的目的。另外，交叉学科从空间管理、环境评价和组织制度创新等方面多角度解读农村人居环境的管理机制问题，有学者认为政府在治理农村人居环境时使用单一的治理政策效果有限，应加强前期规划、经济手段、多元参与等多种方式方法，形成建设农村人居环境的综合措施。

我国农村人居环境的建设机制分为内部和外部两方面的作用机制。外部作用机制是农村外部的由国家政策主导的建设制度。我国体制决定了农村人居环境的建设模式要由政府主导。从历史来看，我国农业人口一直占据主要地位，农业社会的传统生活方式和生产模式决定了农村人居环境建设由政府主导推动。农村人居环境建设涉及农村环境保护、公共服务设施建设等多个方面，因此政府要发挥作用，建立完善的法律体系、农村土地利用制度、财政体制和行政管理体制等促进农村人居环境建设的完善。内部作用机制是农村内部的由内生变量决定的建设动力，包括农村自有的经济状态、政治结构、社会结构和文化特征等（李伯华等，2013）。农村人居环境建设正是在政府主导和内部建设两方面力量作用下共同推动的，目标是建设更好的人居环境，使农村居民享有和城市居民相同的发展环境。

内外两方面因素对农村政治、社会和经济制度的影响改变了农户个体的行为方式，为农村人居环境增加了不确定性，导致农村社区建设的演变发展。农村不仅作为一个地理实际存在的空间概念，也是社会经济和文化的集合体，农村人居环境作为一个系统，其演变方向趋于多元化。农村人居环境的建设机制并不直接作用于人居环境本身,而是通过一系列经济、政治和空间的行为产生作用。农村人居环境是这些行为的外在表现形式,不同类型的影响行为对农村人居环境产生的作用也不同。综合而言,建设制度的作用机制对于农村人居环境的影响主要通过以下几种路径。第一,政府通过适度经济手段,从市场经济的成本和收益两种途径有效激励农户投入农业生产,农村居民经济水平的提高使居民开始追求良好的人居环境质量。同时市场经济不断交易和社会分工不断分化,原本封闭的农村与外界交流日益增多,农户对于各类空间的需求也不断增加,必然导致乡村聚落的空间范围和聚集形态发生改变。第二,政府通过政治制度和手段,不断释放农村居民的行动活力、扩大行动范围,为农村人居环境的改善奠定行动基础。旧的政治制度是限制和固定农户行动范围的体系,其通过法律条文将农民的空间行为限制在一定范围之内。而新的政治制度需要一定时间和空间进行纠偏与完善,在此过程中与个体空间行动范围不断相互作用,最终达到平衡状态。第三,农村内在文化交流的相互影响机制。要使农民参与环境治理,逐步产生作为环境治理主体的意识。在政府主导的治理模式下,有不少农户对诸如垃圾、污水处理的农村环境治理项目表现出"免费可享有、自费即拒绝、交费随大流"的心理状态。只要稍加引导,社会资本和村民力量就能共同参与形成农村环境治理管理的长效机制(常烃等,2021)。

除了对农村人居环境的建设机制进行研究,还有一些研究聚焦于环境政策工具方面,例如环境税和生态补偿制度。环境税是保护农村人居环境的一种有效政策手段,属于市场型环境规制,能够充分利用市场经济中的税收等政策手段,令环境保护主体实施环境保护措施。成熟的环境税政策能令环境排污的市场价格更加透明,有利于农村污染物排放监管与人居环境管治,对于完善农村人居环境和农村绿色发展有着重要意义(刘金科等,2022)。生态补偿制度作为治理人居环境的补充手段,其作用与效果存在一定的缺陷(赵景柱等,2006)。生态补偿在国内外尚未形成统一的定义,国外一般称生态服务付费(PES)或生态效益付费(PEB),主要包括政府财政主导的生态补偿和市场机制主导的生态补偿。无论国内还是国外,农村人居环境的治理政策都必须结合本地实际情况,各种具体的问题都需要在政策实施过程中不断解决。

三、农村人居环境的绿色价值评价方法

农村人居环境的绿色价值是经济学价值体系的拓展和延伸,其内涵不局限于货币市场价值,也不是由单一维度构成,而是由丰富的多维内涵组成,并且具有市场价值与非市场价值。通常情况下有三种衡量人类社会物品价值的体系,分别是市场价值、心理(伦理)价值和生物物理价值。市场价值是某种商品在交易市场中标明的价格,是生产部门耗费社会必要劳动时间所形成的商品的社会价值。心理(伦理)价值反映了人内心认为的某种商品或自然物品所具有的价值,此种价值理论可以由货币外化表示,但实际情况下无法完全表示出来,通常用人们对某种物品(服务)的支付意愿表示。生物物理价值与自然环境相关,反映了物品本质上具有的环境投入能量以及所含有的形成轨迹与信息,典型的莫过于生态足迹与太阳能值。对于人居环境的绿色价值评价,同样具有以上三种价值衡量体系,每一种价值都有其适用的方法。

(一)市场价值评价方法

市场价值评价法也称直接市场法,是直接用货币单位对人居环境的变动进行估算的一种方法。因为这种方法直观易行、很容易操作,所以一开始并未受到过多关注。然而该方法对于人居环境绿色价值评价十分重要,因为环境价值也可以用经济货币的得失来表示。市场价值评估法包括规避行为、替代/恢复成本法、生产率变动法、剂量反应法等。

1. 规避行为法(Averting Cost Method)

规避行为法也称预防性支出(Preventive Expenditure),指为了预防人居环境或基础设施遭破坏,或人类健康受到损害等需提前付出的货币费用,因此也称为预防性支出,即消费者自愿为了保护一种特殊的产品或服务免受人居环境破坏的影响而在实际支出上付出的额外支出。例如,为了保护土壤肥力,农民定期施肥、浇灌和松土。又如,为了预防空气污染对身体的损害,人们购买口罩在外出时佩戴(卫滨等,2021)。在气候变化的大背景下,承担的预防性支出也被称为适应性成本,因为这项支出的目的是减少气候

变化带来的影响(包括生物多样性损失的影响)。

2. 替代/恢复成本法(Replacement/Restoration Cost)

替代/恢复成本法也被称为重置成本法。该方法和规避行为法有相似之处,都是一种计算相对简单的方法,而不同之处在于替代/恢复成本法对影响的评估相对客观,其评价的影响是已经发生的,至少是已知的(史丹等,2016)。假设人居环境被破坏到恶化的程度,该条件下若采取一定方法来使受损的环境得到修复,直至恢复到被破坏前的状态,评估该恢复过程所需要的费用即替代/恢复成本法。由于该方法通常采用环境完全被破坏后的重置成本来衡量恢复成本,因此又被称为重置成本法。但是自然环境几乎不可能被完全重置和复制,如果只有部分被重置的功能相同,很明显其成本就会不同。因此该方法得出的恢复费用一定小于真实的人居环境价值,只可以作为最低估计值。此种方法的另一个缺点是,真实的替代或恢复成本与个人对于替代或恢复某种东西的意愿不是必然相关。例如,在极端气候变化情形下,温度升高会带来潜在的健康影响,为了恢复被热带病毒伤害的人的健康就需要社会付出额外的健康服务成本,但这些成本可能高于个人为了避免得这种病的支付意愿。

3. 生产率变动法

生产率变动法又称生产要素法,该方法通过"冲击—路径"估计人居环境产品的经济价值。农村人居环境质量的变化在一定程度上会导致农业生产率和生产成本的变化,从而引起产值和利润的变化(卫滨等,2021)。这种变化对于有实际市场价值的环境绿色价值、经济效益或经济损失可以用货币价格来衡量。例如,有必要衡量土壤肥力改善对小麦产量增加的好处,需要计算土壤覆盖率、侵蚀率和农业生产率等数据,计算土壤质量变化的经济价值是将小麦产量乘以小麦市场价格。另一个例子是衡量鱼塘水质改善对鱼类产量改善的好处。水质改善的经济价值相当于每年增加的鱼类产量乘以鱼类的市场价格。另外这一方法在评价生态系统服务方面非常有用,包括林业(木材和非木材)、农业(农作物多样性的价值和遗传物质的使用)和海洋生态系统(过度捕捞的损失、物种侵入)。

4. 剂量—反应((Dose-Response,DR)

该方法用来评估环境质量的变化对商品(或服务)产出的影响,通过一定实验手段来评价环境变化对于受者造成影响的定量效果,建立一种剂量关系,从而能通过货币价格对产出变化进行价值评价。该方法是通过统计和实验的技术,将某种影响从整体影响中剥离出来,因此可作为直接市场法的基础。例如空气中大量的二氧化硫(剂量)会形成酸雨,酸雨会注入河流(反应)导致水体酸化,通过实验可以确定二氧化硫对河流影响的具体参数。

(二)非市场价值评价方法

货币价格和成本能够用于评估特定活动价值的变动,例如景区收益、资源勘测、农业收成等。然而一些人居环境变动不能通过市场反映出来,也无法获得货币增减数据。在这种情况下需要使用获得消费者偏好的方法,即显示性偏好法和陈述性偏好法。一般情况下,当市场信息可获得时,使用显示性偏好法;当这些数据难以获得时,使用陈述性偏好法。

1. 显示性偏好法(揭示偏好法)

显示性偏好法也称揭示偏好法(Revealed Preference Methods)、替代市场法。一些人居环境物品不存在市场货币价值,假设消费者在替代市场中的购买行为能够反映他们对这些物品的偏好,可通过显示性偏好法分析替代物的市场价值来衡量这些环境资源的价值,主要包括特征价格法和旅行成本法。

(1)特征价格法(Hedonie Prieing,HP)也称享乐价格法、内涵资产定价法或资产价值法,通常用于估算与享受娱乐、环境景观价值、基因以及物种多样性相关的环境生态系统的价值。该方法根据人们愿意为享受优质环境所付出的货币价格来衡量人居环境质量的经济价值,即某一地方的房产与其他地方的房产在别的方面均相同,只是周边人居环境有所差别,假如消费者愿意为这种环境差别支付不同的价格,所形成的差价即所处环境的价值。例如,通过估计清洁空气或者引人入胜的风景具有的价值,或通过估计这些无形产品与周边房价之间的关系来计量其价值。

(2)旅行成本法(Travel Cost Method,TCM),也称旅行费用法,是一种用来评价无法计算市场货币价格产品的方法。旅游景观、自然景观属于人居环境的一种,无法用市场价格直接衡量,因此可以通过估算旅行者的旅行费用对其价值进行评估。具体而言,通过使用各种经济和统计模型导出某个景观的需求曲线,利用旅游成本计算环境质量变化带来的效益变化,然后估计环境质量变化带来的经济损失或收入。当消费者选择不止一个景观时,可以利用随机效用理论框架下的离散选择模型来评估参观不同景观的价值,或景观的各种属性(如水质)的价值。旅游成本法应用广泛,主要应用于评估景观美学、国家公园和森林湿地等有娱乐休闲功能的环境价值,例如在北美洲,帕森(Parsons)就收集了超过 120 个这类研究。旅行成本法有三个维度,包括被评估的景观质量、参观次数与时长以及对其他景观的替代性(Kolstad,2000)。

2. 陈述性偏好法(假象市场)

陈述性偏好法(Stated Preference Methods)包括条件价值法(意愿调查)和选择试验法,是通过直接询问被调查者为减少人居环境破坏所愿意支付的价格来衡量人居环境产品的价值,主要用于不能使用直接市场价值法和显示偏好法评估人居环境价值的场景。通常用于评估人居环境的非使用价值,例如野生动物保护、生物多样性和古迹保护价值等。

(1)意愿调查法(Contingent Valuation,CV),或称条件价值法。意愿调查法是目前使用最广的对环境物品进行价值评估的方法,通过消费者主观陈述他们对产品或服务的支付意愿或接受意愿,来评价对人居环境变化的价值偏好。该方法能够引导推测出非使用价值的货币化价值,而不会留下"行为的市场痕迹"。同时,意愿调查法允许在人居环境变化没有发生时进行,在假想的政策情景或自然状态下,消费者不需考虑当前或过去的制度安排或规定,即事前评估。但该方法有一定争议,一些学者认为支付意愿并不是真实发生的而是假设发生的。

(2)综合选择法(Conjoint Choice,CC)或选择试验法(Choice Experiment,CE)。该方法也是一种常见的陈述性偏好法,通过询问消费者在多个备选方案之间的选择引导问出他们对人居环境价值的偏好。一般情况下少则三四项选择,多则七八项选择,对选择进行综合排序,从而获得偏好的综合评价,反映了消费者对各种选择的偏好强度。总体而言,在环境、健康和交通领域,许多研究使用陈述性偏好法或同时使用意愿调查法和综合选择法。这两种方法之间的差别和相似之处并不是其中一种方法相对另一种方法有绝对的优势,而是这些方法之间是互补的。

(三)生物物理价值评价方法

无论是市场价值还是非市场价值,都是建立在生物物理价值基础之上的。一些学者认为,各种价值之间需要寻求内在联系,从而整合多维价值评价成系统价值(胡聃,2004)。由于人居环境的内涵既包括物理实体也包含文化等软实力,其绿色价值涵盖面较广,市场价值和非市场价值均无法对其进行全面测量,因此有必要引入生物物理价值的评价体系。生物物理价值评价方法包括当量因子法、生态足迹法和能值方法等。

1. 当量因子法

当量因子法也被称为基于单位面积价值当量因子法,该方法通过测量人居环境价值的当量因子和单位面积估计人居环境绿色价值量。该方法最初由罗伯特·科斯坦萨等人在1997年提出,并以《全球生态系统服务和自然资本的价值》为题发表在《自然》杂志上(Costanza 等,1997)。他们假定生态服务供求曲线是一条垂直线,估计了各类生态系统的绿色价值,从科学理论上定义了生态系统服务价值估算的原理及方法,也为人居环境价值估算的理论与方法奠定了基础。我国学者谢高地等人在参考罗伯特·科斯坦萨的研究成果基础上,建立了适合我国情况的人居环境价值当量因子法(谢高地等,2006)。运用当量因子法,一般分为三个步骤。首先确定生态系统生态服务价值当量;其次,测算生态系统单位面积生态服务价值;最后,估算生态系统生态服务价值。

2. 生态足迹法

生态足迹法由加拿大生态经济学家里思(Rees W. E.)于1992年提出(Rees,1992),并在之后的几年与别人合作,逐渐将生态足迹模型进行完善。该方法的创新思路在于首次从维持一定地域内人居环境系统平衡与稳定的角度,用"生态土地面积"这一统一衡量单位来评价人类的生产与生活所进行的各项活动。其中生态足迹概念是指生态系统在一定时间单元之间向某一地理范围内的人类提供的全部被消耗的生物和物理资源,以及将人类所产生的全部废弃物代谢干净,所有以上提供和代谢所需的土地和水体的总面积。世界上已经有多个国家和地区公布了生态足迹报告,但生态足迹法的应用有其局限性。一是该方法不能将不同人居环境状况对生态占用的影响精确反映出来，也不能从生态足迹分配的分布特征角度较好反映其现状；二是该方法对经济社会的发展差异、各类商品需求差异和人类消费活动反映不足。

3. 能值方法

能值方法是在生态系统循环与热力学原理基础之上发展起来的一种方法。该方法将能量计算统一为太阳能单位，考量各类物体的能量数量和质量等级差异（Odum，1988；谭少华等，2008），重点在于通过中间量——太阳能值转换率，确定不同商品包含的能值量，使得不同类别、不同等级、不同属性的物体之间具有可比性，进而能通过能值衡量人类、环境以及经济社会发展之间的关系。人类在建设人居环境的过程中投入了各类要素，例如劳动力投入、各种建设物质投入以及资金投入等，人居环境的绿色价值应为所有系统投入物质与非物质的价值总和及其系统服务功能和社会服务价值的总和。能值方法能综合计算人类在人居环境建设过程中所投入的人类价值、生物物理价值、软实力价值以及各类价值之间相互耦合作用的总和。另外，人居环境建设增量是系统总能值输入量与输出量之间的差值，能值方法能较好地对这一差值进行表述。

第二章
农村人居环境治理历程与政策演变

本章旨在总结新中国成立以来农村人居环境治理的历程和政策演变，同时介绍国外发达国家在农村人居环境建设方面的经验做法，为后续章节研究农村人居环境治理政策的制定提供参考。

第一节　农村人居环境治理的发展历程

一、探索阶段：运动式治理（1949—1978 年）

该阶段自新中国成立至改革开放，历时约 30 年。新中国成立初期，农村人居环境建设的主要矛盾在于尚未恢复基本的健康卫生环境，传染病如血吸虫病肆虐流行，相同的情况在城市也存在。因此 1952 年，国家倡导开展爱国卫生运动，并成立中央爱国卫生运动委员会。之后的一段时间，几乎每年都由该组织机构动员开展相似的爱国卫生运动，例如 1953 年曾发布公告要"改善饮水、合理处理粪便"，1954 年指示各地在春节前进行清扫运动等。同时，新中国成立初期国际局势尚未完全稳定，人居环境还有着保卫和平的要求。该阶段人们对人居环境的理解有一定的历史局限性，还未能建立人与自然和谐共生的理念，也走过一些弯路。例如，1958 年的"除四害"运动就将消灭麻雀列入其中，但积极的一面在于，清除垃圾粪便、修建和改良厕所等工作为改变蚊蝇横生的农村人居环境创立了基本的条件。

1966—1976 年,爱国卫生运动演化升级为"两管五改"(管水、管粪,改良水井、厕所、畜圈猪栏、炉灶和环境卫生)的工作,其中"两管"是总方针,"五改"是具体要求,可以说是农村人居环境治理的雏形。改良水井,使农村饮用水水质达到合格卫生的要求,阻断传染病大面积传播,有益人民体质。改良厕所与改水相辅相成,农村粪便通常会通过倾倒净化,或是变为有机肥进入水系,从而导致寄生虫通过水循环回到人体,进行厕所改良对环境卫生是十分重要的。同样的,改良畜圈猪栏,使猪等牲畜从散养变圈养,可以方便处理动物粪便。改良炉灶有益于室内环境卫生。改良环境卫生是以上几点的综合。1973 年的《人民日报》和 1974 年的国务院文件中都提到要将农村"两管五改"持续深入开展下去。在这一时期采取的措施有 1973 年颁布了《关于保护和改善环境的若干规定》,1974 年成立了国务院环境领导小组。

该阶段农村人居环境建设的主要特点是:第一,新中国成立后农村基本的环境清洁工作取得一定成绩,对环境卫生秩序的恢复有积极作用,构建起具有社会主义特色的农村人居环境建设方式。第二,运动式治理是该阶段人居环境建设的典型特征。爱国卫生运动在往后 60 年持续的环境宣传中逐渐成为改善人居环境的重要理念,具有较强的感染力,通过运动号召和宣传动员,政府将农民纳入多元化环境治理体系,有效调动起民众的积极性。第三,该阶段农村人居环境建设政策较少,体系不健全。爱国卫生运动、"两管五改"等治理运动仅通过通知方式传达到地方,缺少文件细则对内容进行细化与解释。第四,由于历史的局限性和物质条件的制约,当时的人们对农村人居环境关注不多,资源要素投入较少,环境治理要求仅维持在消除病害等较低水平。

二、初始阶段:科层化治理(1979—2004 年)

该阶段以改革开放为开端,历时 25 年,以新农村建设为分界线。改革开放后,我国社会经济环境发生巨大变化,城乡居民收入不断提高,人们对人居环境的改善需求也有所增加。我国开始向农村人居环境建设倾斜,颁布实施了一列法律法规与政策文件,环境保护被列为基本国策。

1979 年颁布《中华人民共和国环境保护法(试行)》,1988 年颁布《中华人民共和国水法》,1989年颁布正式的《中华人民共和国环境保护法》。1982年颁布《征收排污费暂行办法》,提出并实行"谁污染谁治理"原则,其中对监管机制和奖惩制度有明确的规定。1984年颁布《关于加强乡镇、街道企业环境管理的规定》,1986年在"七五"计划中明确提出要坚决制止污染转嫁。2021年出台《国家环境保护"十五"计划》,其中明确提出要"把控制农业面源污染、农村生活污染和改善农村环境质量作为农村环境保护的重要任务"。这一时期在农村人居环境的各个方面都颁布出台了具体的政策文件。例如1982年出台《关于切实解决滥占耕地建房问题》,1984年出台《关于加速解决农村人畜饮水问题的报告》和《关于农村人畜饮水工作的暂行规定》,1991年发布《关于进一步加强村镇建设工作请示的通知》。1993年国务院发布了《村庄和集镇规划建设管理条例》,其中对于农村和乡镇的规划设计工作有明确规范。除了以上政策法规,1998年国家环保局专门成立了农村处,负责农村的环境保护工作。

该阶段农村人居环境建设的主要特点是:第一,科层化治理特征明显,环境建设与治理工作通过自上而下的管理制度逐渐走上正轨。与之对应的是行政分权和财政包干制度,由中央政府自上而下将事权下放,但同时中央保留财权,因此农村人居环境建设方面由于缺乏资金支持与考核标准,没有引起地方的足够重视。第二,在以上行政体制建设特征下,农村人居环境建设的政策制度逐渐增多并建立体系,环境政策对实际工作的指导作用不断增强,环境保护成为基本国策。第三,城乡污染明显加重,特别是农村环境污染有其特点。首先,城市建设与城市化水平的提升导致污染向农村转移;其次,农药的不规范使用导致农业面源污染加重;最后,乡镇企业数量增多,导致农村环境被污染。以上特征使得农村人居环境治理形势变得复杂与多元。第四,得益于经济发展,人民生活水平不断提升,农民对人居环境的内在要求不断提高,农村出现"家家备料,村村动土"的自发改善居住条件的现象。同时政府对农村基础设施和公共服务的投入力度加大,农村人居环境得到有效改善。

三、密集发力阶段:项目化治理(2005—2013年)

该阶段以2005年党的十六届五中全会提出社会主义新农村建设为发

端,历时8年。"建设社会主义新农村"并不是此时提出的全新概念,回顾上两个阶段的农村人居环境治理过程可以发现,新农村建设的相似概念在过去反复被提及,但在2005年的背景下,这是具有深远意义的全新提法。自2001年起中央进行农村税费改革,到2005年各省区市陆续改革完成进入新阶段,这对于整个农村的经济社会发展产生巨大影响,在人居环境建设领域也有着一定影响。

在农村人居环境建设方面,中央和各相关部门密集发布政策,并以项目化治理为特征。农村饮用水安全方面,2005—2012年国务院先后批准实施《2005—2006年农村饮水安全应急工程规划》《全国农村饮水安全工程"十一五"规划》和《全国农村饮水安全工程"十二五"规划》等一系列有连续性的政策,着重解决5.2亿农村居民的饮用水安全问题。农村人居环境规划方面,自2006年起每年的中央一号文件都有相关内容。农村环境保护方面,2006年发布《国家农村小康环保行动计划》,同时对农村沼气和畜禽养殖污染投入专项资金,进行乡村清洁工程示范建设。2007年发布《关于加强农村环境保护工作意见的通知》。2008年召开全国首次农村环境保护工作会议,2009年多部门联合制定了《关于实行"以奖促治"加快解决突出的农村环境问题实施方案的通知》,中央财政首次设立农村环保专项资金,安排5亿元实施"以奖促治"政策。同时全国爱国卫生运动委员会持续开展"农村改水改厕项目"和"全国城乡环境卫生整洁行动"。2010年,《农村生活污染防治技术政策》和《全国农村环境连片整治工作指南(试行)》等一系列针对环境污染治理的文件政策相继颁布。2012年党的十八大召开后,农村人居环境建设被提到了生态文明建设的高度,中央提出要建设美丽乡村。接着2013年发布《关于开展"美丽乡村"创建活动的意见》,美丽乡村建设运动进入高潮。

该阶段农村人居环境建设的主要特点是:第一,政策密集发力。这一时期与农村人居环境建设有关的政策几乎每年都有,而且针对性强,农村饮水安全、道路交通、用电结构和环境污染等问题均有涉及。第二,治理方式以项目和专项资金为特点。2005年农村税费改革基本完成,对于农村工作以"多予、少取、放活"为原则,并开始"工业反哺农业、城市支持农村"。结合密集的农村人居环境建设政策,农村通过各种专项资金获得了环境治理的资金支持,针对性更强,管理也更加规范。第三,人居环境治理的全方位发展。通过各方面的政策导向,农村人居环境不只关注环境保护单维度,而是更加立体和合理,站到了生态文明的高度。物质基础的改善和各类规划先行使农村人居环境的建设有了前提保障。

四、全面深化阶段:复合型治理(2014年至今)

该阶段农村人居环境建设逐渐走向法制化、规范化和全局化。2014年是农村人居环境建设进程中重要的一年。经济建设是人居环境建设的物质基础,2014年中共中央、国务院出台《关于改革创新扎实推进农村扶贫工作的意见》,对建立精准扶贫工作机制提出具体意见。同年,国家出台《关于改善农村人居环境的指导意见》,对农村人居环境规划、管护、多元主体参与等方面的建设目标不断细化。这一年还出台了《关于加快推进生态文明建设的意见》《生态文明体制改革总体方案》等重要文件,从顶层设计上对人居环境建设高屋建瓴,提高了农村人居环境建设的战略高度。2014年以来多部人居环境相关法律不断被完善,例如2014年修订《中华人民共和国环境保护法》,2017年修订《中华人民共和国水污染防治法》,2018年修订《中华人民共和国循环经济促进法》,2019年修订《中华人民共和国城乡规划法》,2020年修订《中华人民共和国固体废物污染环境防治法》,2021年颁布《中华人民共和国乡村振兴促进法》等。这些法律使得农村人居环境建设的落实有法可依。

2018年,《农村人居环境整治三年行动方案》的出台,标志着农村人居环境建设工作进入了全面推进的新阶段。之后的短短三年时间里,国家针对农村人居环境整治不断发布重要文件,例如,发布了《关于扎实推进农村人居环境整治行动的通知》《关于学习推广浙江"千村示范、万村整治"经验深入推进农村人居环境整治工作的通知》《农村人居环境整治村庄清洁行动方案》《推进农村"厕所革命"专项行动的指导意见》《关于统筹推进村庄规划工作的意见》《农村人居环境整治激励措施实施办法》《关于进一步加强农业农村生态环境工作的指导意见》《关于开展农村"厕所革命"整村推进财政奖补工作的通知》《关于推进农村生活污水治理的指导意见》《关于建立健全农村生活垃圾收集、转运和处置体系的指导意见》《农村人居环境整治提升五年行动方案(2021—2025)》等。这些政策文件对于农村人居环境整治工作的重点内容、建设角度和管理措施等都有详细指导,对推动该工作全面开展有着至关重要的作用。

该阶段农村人居环境建设的主要特点是:第一,"农村人居环境治理"的关键词不断在各类政策文件中出现,农村人居环境建设进入全面深化阶段。这一阶段,顶层设计不断完善,各类规章制度不断健全,法律法规也更有针对性和指向性。第二,农村人居环境建设进入复合型治理的全新阶段。人居环境的改善不再局限于以往的粪、水和基础设施等方面,而是从更加具有战略高度的角度展开,包括环境制度建设、社会治理体系变革以及多元化参与推动环境建设的系统工程。第四,成效显著,农村经济条件和文化水平大幅提升,农村人居环境的改善成为生态文明的应有之义。

第二节　国外农村人居环境建设历程与政策

农业社会向工业化转型过程中,世界各国在农村人居环境建设上都会遇到各类问题,发达国家较早完成了工业化进程,因此在农村人居环境建设过程中积累了丰富的经验。我国农村情况与其他国家有相似和区别之处,研究借鉴外国,特别是国外发达国家的经验做法,能够为我国的农村人居环境建设提供不同视角。

一、发达国家农村人居环境建设的经验与做法

发达国家农村人居环境建设的重点内容与我国类似,主要包括农村规划与景观建设、生活垃圾和污水处理以及农村厕所建设等。可借鉴的国家和地区包括欧洲部分国家、美国,以及和我国相邻的日本和韩国等。

(一)欧洲国家农村人居环境建设的经验与做法

欧洲是世界上最早完成工业化的地区,农村人居环境面临的问题在于

高度城市化与农业现代化之后城市人口反向流回农村,增加了农村地区可持续发展的压力。因此欧洲对于农村人居环境建设更加强调人和自然的可持续发展。特别是德国、意大利、法国和挪威等国家,经验和做法可供我国参考。

1.德国:"村庄更新"计划

德国的农村人居环境建设从 20 世纪初就有了雏形,后来被命名为"村庄更新"计划,包括四方面内容:基础设施改善,农业和就业发展,生态和环境优化,社会和文化保护。"村庄更新"计划旨在保留农村地域特色的同时改善其经济社会条件,特点有四:第一,综合性强。德国政府逐步提出并推行"村庄更新"计划,将其纳入整体城乡规划体系,同时与农村自身的人居环境建设规划相契合,具有很强的综合性,其中典型代表是巴伐利亚州政府于20 世纪 50 年代就制定了整体农村更新计划,并严格执行。第二,注重公民参与。德国的"村庄更新"计划很注重普通民众的参与,并且民众对该项计划的推行起到关键作用。德国《联邦建筑法典》中规定,民众有权利在规划编制过程中参与讨论并表达诉求。第三,久久为功。德国的经验表明"村庄更新"计划不可能一蹴而就,一般要经过 10 - 15 年的时间才能初步成型。因此,德国先是颁布一系列法律法规,使农村人居环境建设有保障措施,然后从基础设施建设入手逐步推进计划,最终形成了具有当地特色的人与自然的和谐共生。

在农村污水处理方面,德国也形成了成熟的分散处理系统。由于农村进行集中化污水处理成本较高,因此德国农村主要采取三种分散式处理系统。一是膜生物反应净化器。雨污分流后利用膜生物反应器净化污水,可降低污水处理成本,同时产生氮气用于农业生产。二是湿地污水处理系统。模拟大自然中湿地系统对污水的净化过程,人工建造介质层和湿地植物两层净化系统,污水可通过人工模拟的湿地系统自然净化,最终还可用于浇灌农田,达到循环再利用的目的。三是雨水净化系统。雨水不是自然流回生态系统,而是汇集后流入渗水池,变为自然景观,池底使用可过滤的材料将雨水净化后汇入大自然水循环。

总体而言,德国的农村人居环境建设整体遵循以人为本、人与自然和谐共生的理念,达到有效治理的成效。

2. 意大利:保留传统

意大利很多村庄都有千年的历史,如何保留传统村落的同时更新村庄基础设施就成了难题。在法律与规章制度方面,意大利采用联邦国家制,行政区划从上到下分为国家、大区、省和市镇共四级。国家除了制定法律外,还为农村人居环境建设提供指导,负责国家级的基础设施建设以及管理。大区会制定自己的法律和法规,为地方政府环境建设提供依据。省级政府负责协调规划,同时对基础设施进行规划。村镇的建筑规划会结合本地情况,对农村人居景观的使用材料、颜色和形态等进行详细规定。

在设计理念方面,意大利的农村人居环境建设充分保留了当地的传统文化。村庄在进行基础设施建设时,很好地保留了原始景观并注重人工景观与自然景观的有机结合。特别是在人居环境设计方面,更是保留了当地的本土文化和村庄特色。一些地方充分利用设立世界文化遗产和意大利国家公园的优势实行文旅结合发展,挖掘乡土文化魅力,提供富有参与感的旅游体验。

在公共基础设施方面,意大利已经有较完善的基础。农村生活污水采取集中处理方式。国家、大区、省和地方政府对公共区域的污水管网建设管理以及投融资等各司其职。农村居民只需承担私有住宅附近的支线费用,并且承担一定的污水处理费。少数偏远农村地区家庭建立了独立的污水处理装置。

3. 法国:最美乡村

法国是传统农业国,法国乡村是美丽乡村的典型代表。法国乡村保留了自然风光和兼具现代性的生活设施。虽然现在看来法国的农村人居环境建设成绩显著,但在20世纪90年代,法国农村也经历了从破败到整治的过程。法国的城镇化进程开始较早,第二次世界大战后就开始恢复。直到20世纪90年代,城市快速发展,同时农村也面临着人口流失、空心化和基础设施老旧等问题。在此大背景下,法国政府为了恢复最美乡村,开始着手推行一系列措施,其中包括"乡村更新区""山区经济区""乡村整治规划""卓越乡村"等计划。通过对农村生态、农业产业和旅游业的恢复发展,法国农村变为了人们向往的田园风光。

特别是在农村生活垃圾处理方面。法国的分类处理方式很有特色。法国的农村活垃圾分类按照有机垃圾与无机垃圾进行区分。工作人员收垃圾时,会仔细检查垃圾的分类。如村民分类错误,工作人员甚至可以将垃圾退回。分好类的垃圾需要放在政府统一发放的垃圾箱里。垃圾箱带有轮子,与垃圾收集车配套,方便倾倒。旧家具等大件垃圾需要村民提前在网上预约,得到许可后,将一个专门的回收序列号标记在废弃物品上,然后在指定时间放在门口,工作人员上门回收。

(二)美国农村人居环境建设的经验与做法

美国自然资源丰富,特别是农业资源,农业生产以集约化和农场化生产为主。20 世纪工业化虽然给美国带来了巨大的财富,但污染问题同样困扰着美国,特别是石油化工污染,因此人们开始反思工业化。

1. "生态村"建设

20 世纪 70 年代起源于美国的"生态村"(ecovillage)建设,是一种社区人居环境建设实践活动。该理念是由罗伯特·吉尔曼(Robert C. Gilman)提出并定义,他认为"生态村"包含五个特征:第一,熟人社区,即生态村的人口规模不能太大,以不超过 500 人为分界线。第二,功能齐全,居民生产生活所需的全部要素在生态村内都能满足。第三,人与自然和谐发展,人类的活动对自然界不能造成危害,废弃物能够循环利用。第四,以人为本,人类在生态村内能够获得物质与精神的极大丰富。第五,可持续发展,即未来也能够获得以上需求。经过"生态村"建设,20 世纪 70 年代以后美国的乡村环境获得极大改善,并带动了乡村旅游业。

2. 农村生活污水处理

由于美国地广人稀,农村污水采取集中式处理方式很不经济实用,因此19 世纪 50 年代开始,美国就着手建立农村分散式污水处理系统。分散式污水处理系统主要有人工湿地、氧化塘、生物滤池和污泥脱水等技术。到 20 世纪 60 年代,美国的分散式污水处理系统已发展到 200 多种。据统计,20 世纪 80 年代美国农村总的生活污水排放量约为 3 亿吨。20 世纪 70 年代后期,美国又开始研究"反渗透系统",并于 1976 年建立了首个反渗透装置。

随后,反渗透技术在美国发展迅速,其技术已达到了相当高的水平。

美国各级政府在农村污水方面的主要职责是法案政策的制定、村落式污水处理工程的建设和为农村污水治理提供资金援助与保障。美国污水处理设备主要由政府投资建设,污水处理工程则由各个州的市、县(区)政府负责,联邦政府只负责提供设备和技术支持。美国农村污水治理采用政府、市场和社会共同参与的模式,其中社会力量包括农民、企业、协会和非营利组织等。具体运作模式是:地方各级政府投资建设污水处理设施并负责运行维护;农村地区的环保社团提供资金支持,建立民间基金,向农民提供技术培训;非营利组织为农村污水设施运转提供补贴。美国农村污水处理主要集中在两个地区,一个是以马里兰州为代表的南部地区,另一个是以宾夕法尼亚州为代表的北部地区。这两个区域不仅在人口密度和经济实力上存在较大差异,在污染治理、基础设施和政策制定上也有较大差别。

3. 农村生活垃圾处理

美国是世界范围内较早治理农村生活垃圾的国家,经过多年的探索与实践,美国在农村生活垃圾处理方面取得了较好的效果,并积累了丰富的经验。具体做法如下:

第一,建立健全管理机构。美国农业部设立了专门的农村生活垃圾管理部门,负责监督农村生活垃圾收集、处理、运输等方面的工作。同时成立了由政府主导的农村社区环境保护协会,通过开展活动和培训等,动员社会力量参与农村生活垃圾管理。

第二,采用多元化的方式处理生活垃圾。美国农业用地占全国面积比例较大且分散,这就使得在农村建立集中收运的填埋场所非常困难,所以政府通过多种途径来解决这一问题:一是将其纳入"土地与环境保护计划",作为一项长期任务来抓;二是对垃圾处理费实行税收优惠政策;三是将其纳入国家土地利用总体规划,使其符合国家土地规划;四是在人口密度较大的地区修建垃圾填埋场;五是利用社区或农民团体对垃圾场进行管理。

(三)日本农村人居环境建设的经验与做法

日本农村人居环境建设起步较早,早在 20 世纪 60 年代日本就制定了"乡建工程"和"村建工程"的建设计划,并按照计划组织实施。日本的村庄是依据自然环境和历史文化传统进行科学规划的,注重以人为本,充分尊重农民意愿;注重乡土特色,充分体现人文关怀;注重统筹兼顾,充分利用有限资源;注重环境友好,保护自然生态环境;重视经济与社会协调发展,实现经济、社会、生态效益最大化。日本农村人居环境建设采取以小城镇建设为中心,发展乡镇、推进村庄有机更新的模式。以"新村镇运动"为核心,以政府为主导、农民为主体和多元投入的方式来开展工作。政府负责制定发展规划和政策体系并组织实施。各部门共同配合完成农村社区生活设施和公共设施建设,同时将资金向农村社区倾斜,并以此为基础开展社区内部环境治理。同时充分发挥"町内会""自治会"等基层组织的作用,引导村民参与建设管理。

在日本农村,垃圾分类是一个重要环节。农民们通常会把自己家产生的生活垃圾分类为可回收垃圾、有毒有害垃圾、厨余垃圾三大类。农户一般会在家里放一套收集工具用来分类,比如可回收垃圾有塑料、金属,有毒有害垃圾有荧光灯管、电池等。为了防止这些可回收垃圾进入土壤,农户一般都会放在家里储存起来,等到将来需要时再拿出来使用。每个村有一个"小管家"管理当地居民的垃圾分类,在这些"小管家"中,有一部分是当地的小学生,他们从小学开始就被培养"垃圾分类的意识"和"垃圾分类的习惯"。这些"小管家"不仅自己做好日常生活中的垃圾分类,还会对当地农户提出一些关于垃圾分类方面的建议和要求。比如,"小管家"要提醒农户把可回收物扔到专门的收集工具中,提醒农户将厨余垃圾和其他可回收物分开,提醒农户不要将废旧电池等有毒有害或对环境造成污染的物品扔到收集工具中。日本在垃圾分类上还做了很多细节方面的工作。比如,在街道两边都会有垃圾桶,而垃圾桶是用一些特殊材质制成的,可以很好地做到防水、防撞以及不容易被腐蚀。

日本农村生活污水治理采用的是一种"多点分散式"污水处理技术。多点分散式是指生活污水从一个相对独立的排水户排向附近一个或数个分散排水户,从而减少集中排放对环境和资源的压力。该技术根据农村生活污水排放源、地理位置、农户居住情况等因素,将农村生活污水分为多个处理单元,分别在各自的排水户设置污水处理设施。这些排水户在各自的排水房内建设单独的排水管道,将各自产生的生活污水通过管网集中起来后统一进行处理并排放。

(四)韩国农村人居环境建设的经验与做法

韩国政府在20世纪70年代初开始在全国开展"新村运动",目的是通过"新村运动"改善农村环境和农民生活,以改善农村居民的生存条件和生活环境。这场运动的核心是建设"小城镇"和"新型农村",主要包括以下几个方面:第一,把原来由农业生产用地变为工业用地的计划变为农业和非农业用地转为城市建设用地的计划。在此基础上,对农村土地进行整理和改造。第二,以"新村运动"为契机,在广大农村地区建设基础设施。第三,提高农民的文化水平、生活质量和生态环境。第四,在发展经济、增加农民收入过程中,保护生态环境和改善农民生活条件。通过以上几个方面的努力,韩国在改善农村环境、提高农民生活质量方面取得了明显成效。

韩国政府于2002年7月推行了"基于量的村级垃圾收费制度",即"村级垃圾处理费制度",这是一种以村为单位的强制性收费制度,通过与村民们协商,让村民们共同承担费用。该收费制度最大的特点是由村集体向当地居民收取垃圾费。这项改革的目的在于提高村民的环保意识,鼓励垃圾分类。但是这项制度在实施过程中遇到了很大的阻力:第一,该项制度并不要求居民必须是村集体或城市里居住的人;其次,这项收费是强制性的;第三,村内没有垃圾处理设施;第四,村民们大多持反对意见。为了推进这项制度,韩国政府于2002年8月在全国范围内展开了农村垃圾处理试点工作。2002年10月,韩国政府公布了《农村环境污染对策特别措施》,其中明确规定村级垃圾收费制度应改为"村级垃圾处理费制度"。这一改革的核心是由村集体向村民收取一定数量的垃圾处理费。为了鼓励垃圾分类,韩国政府又在农村推行了"农村生活环境整治项目",由政府出资将村民们家里的废物回收,然后进行处理。同时,韩国政府还将全国农村划分为"清洁村庄项目区"和"村庄整治项目区",鼓励村集体对村内的废物进行收集、处理之后统一卖给有资质的垃圾回收公司。

二、发达国家农村人居环境建设对我国的启示

世界各国在农村人居环境建设上进行了不同程度的探索,取得了很好

的效果。在借鉴国外经验的基础上,从规划编制、生态农业建设、环境治理、社会保障等方面总结其成功经验。

一是编制科学合理的规划体系。取得成效的国家一般有专门的农村发展规划和环境保护计划,这些计划大多以国土整治计划为基础,根据区域经济、社会发展水平和生态环境条件等综合因素来确定。如美国制定了《美国国家农业和农村发展战略》《联邦国家农业及农村发展政策》《美国农业技术援助计划》等,并根据不同时期农村发展的特点,制定了"1964 计划""乡村景观规划""绿色经济"等具体政策。日本制定了国土整治计划、"全国农业基本计划",建立了以国土整治部门为主的农业综合开发体系,并将其作为农业开发和农村环境保护的主要手段。

二是开展有针对性的综合整治。发达国家重视从土地整治入手,从村庄规划着手,对现有农村环境状况进行综合评价,并提出优化方案。如美国针对大量农村人口居住在城镇,导致农村土地闲置、资源浪费、环境污染严重的情况,提出了"村庄整治计划"。日本则根据不同地区的特点,从土地整治入手,以发展农业生态经济为目标。

三是重视农村环境保护和治理。发达国家非常重视农村环境保护和治理工作,建立了比较完善的管理体系和资金投入机制。如美国成立了农村环境保护局,专门监督检查乡村的环境质量,同时建立由联邦、州、地方三级政府组成的机构,对全国农村环境质量实施监管和监测。日本成立了环境保护厅,负责农村污水处理和垃圾处理等工作,并制定了相关法律法规。

四是注重农村社会保障体系建设。发达国家非常重视农村社区公共服务,把改善农民生活质量作为农村人居环境建设的重要内容,将生态效益和经济效益有机结合起来,通过多种方式完善配套设施,提高农民生活舒适度。如美国建立了政府、企业、农民共同承担的农村社会保障制度,使农村居民的医疗和养老费用都有了保障。法国则通过财政补贴等形式,鼓励民间资本进入农村市场。

五是重视地方政府的主导作用,发挥其主导作用是保证农村人居环境建设顺利开展和长效发展的关键。发达国家大都实行政府扶持与农民自主参与相结合的方式,将资金用于农村基础设施建设。如美国出台了《联邦土地利用法案》《农业与环境综合规划法案》等,日本由地方政府负责实施农村人居环境建设。

六是采取多种形式,调动社会力量参与到农村人居环境建设中。如美国建立了以社区为基础的、广泛参与的农村基础设施建设制度,建立了联邦、州两级政府共同参与的"乡村重建委员会"。法国则是充分调动农民自治组织与企业等社会力量。日本建立了由政府部门、企业以及民间组织联合参与的农村人居环境治理体系和工作机制等。

由上述做法可以看出,发达国家把促进社会和谐、维护公共利益作为开展农村人居环境建设工作的出发点和落脚点,这为我国的农村人居环境建设提供了有效参考。

第二篇
农村人居环境治理实践

第三章 农村人居环境治理实例

改善农村人居环境,是党中央从战略和全局高度做出的一项重大决策,是实施乡村振兴战略的重点任务,事关农村社会文明和谐。在党中央提出的乡村振兴战略及农村人居环境整治重大决策的背景下,通过收集天津市各区关于农村人居环境整治工作的基础资料,分析天津市关于农村人居环境整治推进过程中的整体现状及各区现状,识别其中的发展规律及在推进过程中的突出问题,为更好地开展农村人居环境建设工作提供实践样本。由于篇幅所限,本章所用调研问卷与部分调研数据放在附录 A,供读者参考。

第一节 天津市农村人居环境概况

一、研究区整体现状

(一)天津市发展现状

天津市土地总面积为 11916.85 平方公里,现辖 16 个区,包含 124 个镇、3 个乡、118 个街道、3680 个村委会和 1645 个居委会。市辖区现包括:滨海新区、和平区、河北区、河东区、河西区、南开区、红桥区、东丽区、西青区、津南区、北辰区、武清区、宝坻区、静海区、宁河区、蓟州区。截至 2021 年末,天津市常住人口 1373 万人,城镇人口 1165 万人,城镇化率为 84.88%。其中,外来人口 499.01 万人,占全市常住人口的 32.0%。全市生产总值(GDP)15695.05 亿元,其中,农业生产基本稳定,全年农林牧渔业总产值 509.26 亿元。其中,农业产值 258.39 亿元,牧业产值 142.48 亿元。粮食总产量达到 249.9 万吨,连续 6 年稳定在 200 万吨以上。据 2017 年数据,全市 10 个涉农区(东丽区、西青区、津南区、北辰区、武清区、滨海新区、宝坻区、静海区、宁河区、蓟州区)生产总值 7468.5 亿元,五年年均增长 10.3%,经济总量占全市总量的 40.2%。

(二)天津市农村人居环境整治行动计划及目标

乡村振兴战略和农村人居环境整治工作推动农村地区迈上了新的发展阶段。从乡村振兴战略提出以来,天津市认真贯彻落实党中央、国务院关于农村人居环境整治工作的决策部署,明确指出要以"浙江样板"为目标,结合天津实际和北方地区的特点,从清洁环境等基础工作抓起,坚决抓好村容村貌综合整治,大力推进农村净化,改善农民生活环境,打造天津美丽乡村。

天津市政府将农村人居环境整治目标任务按照 2020 年和 2022 年两个时间节点进行安排和推进。到 2020 年,农村人居环境大幅改善,实现农村生活垃圾收集处理率、农村卫生厕所普及率、入海河流流域村庄生活污水处理设施覆盖率"三个 100%",村庄环境干净、整洁、有序、美化,基本把天津市村庄建成美丽、生态、宜居的美好家园;到 2022 年,农村人居环境质量进一步提升,垃圾、污水、"厕所革命"、村容村貌、农业面源污染治理得到进一步扩面提质,管护长效机制健全有效,形成美丽、生态、宜居的村庄环境格局,农民群众获得感、幸福感显著增强。

(三)天津市农村人居环境整治行动基本原则

因地制宜,分类指导。按照规划保留村、列入城镇规划建设体系尚未拆迁村和已经城镇化村等类型,确定整治重点任务,梯次推进,不搞"一刀切",避免重复投资造成浪费。

示范先行,有序推进。坚持先易后难的原则推进整治,率先启动实施农村全域清洁化工程,从解决农村环境"脏乱差臭"等最基础、最基本、群众反映最强烈的工作抓起,由易到难,不断丰富整治建设内容,逐步延伸推进农村人居环境整治。

注重保护,留住乡愁。近年来,天津市坚持从产业特色、文化传承、民俗民风等方面挖掘村庄个性,体现田园风情、乡土乡韵等特色,营造生态宜居美丽的人居环境,培育各具特色的村庄风貌,避免"千村一面"现象。同时,大力发展乡村旅游等产业,产业发展为环境整治提供坚实基础,良好生态环境又成为产业发展的基础,形成了相互支撑、融合发展的态势。将整治与旅游结合起来,坚持城乡一体化,留住乡愁。

村民主体,激发动力。在农村人居环境整治中充分尊重农民意愿,充分发挥农民群众的主体作用,引导农民群众有序参与项目规划、建设、管理等环节,引导农民群众积极筹资筹劳共建美丽幸福家园。

建管并重,长效运行。在加大整治建设基础上,更加注重农村人居环境管护长效机制建设,做到建管并重,注重实效,努力形成加大整治促管理、强化管理促提升的工作机制。

落实责任,形成合力。天津市级层面及涉农区均成立相应的领导小组,形成了"一把手"亲自抓、分管领导直接抓、一级抓一级、层层抓落实的领导机制。建立了市农村人居环境整治工作领导小组统筹组织,各区政府主体落实,各相关部门全力配合的联动协作机制。

(四)天津市农村人居环境整治行动成效及进展

2018年起,按照三年行动的既定部署,天津市农村人居环境整治工作全力推动落实,同时建立了"月通报、季报告、常态化督察"制度,农村人居环境整治工作取得了阶段成效。

农村生活垃圾治理能力稳步提升。加快推进垃圾处理终端规划建设,健全完善收运体系,提升农村生活垃圾处理能力。按照千分之五的人口比例配保洁员2万多名,村庄垃圾收运设施配套率达到了100%。天津市城市管理部门建成8座垃圾处理厂,新增处理能力10450吨/日,有效解决终端处理能力不足的问题。

农村生活污水治理水平逐步提高。2018年完成了324个村的污水处理设施建设任务,累计完成了1977个村的污水处理设施建设任务,全市村庄生活污水处理设施覆盖率达到了56%。按照《天津市渤海综合治理强化作战计划》的要求,预计完成海河流域内 541 个村的污水处理设施建设,截至 2019 年,有 148 个村已完工、133 个村正在建设、260 个村正在做工程前期准备工作。

农村"厕所革命"扎实推进。2018 年新建、改造提升户用卫生厕所 10.5 万座、公厕 2314 座。同步推进厕所粪污治理与农村生活污水处理工作,324 个污水治理村的厕所粪污全部实现无害化处理。天津市农业农村委同天津市卫生健康委等多部门对全市农村厕所情况进行了一次全覆盖的摸底调研,全面掌握了底数情况,并以此为基础制定印发了未来两年改厕工作的实施方案,截至 2020 年,已全面消除农村旱厕、基本实现卫生厕所全覆盖,完成 56.3 万座户厕和 4196 座公厕的改造提升,市区两级均成立了推进农村"厕所革命"工作专班,积极推进任务落实。

村容村貌得到明显提升。以实现农村环境"干净、整洁、有序、美化"为目标,结合农业农村委组织的村庄清洁行动,围绕"清洁村庄环境、清洁镇域环境、清洁田园环境、清洁庭院环境、改变影响农村人居环境的不良习惯"这"四清一改",继续深化实施农村全域清洁化工程,开展了春节、春季、夏季清脏治乱战役,农村环境"脏乱差臭"等突出问题的治理取得了阶段性成效。

农业面源污染治理不断深化。2018 年,完成 557 家规模化畜禽养殖场粪污治理工程,秸秆综合利用率达到 97%,完成推广测土配方施肥技术 521.7 万亩、病虫害专业化统防统治 80 万亩次,全面启动农田残膜回收利用、农药包装废弃物回收处置工作。2019 年完成 15 家规模畜禽养殖场粪污治理改造,且有 637 家已开工建设。已完成化肥减量增效示范区 3.8 万亩,推广测土配方施肥技术 185.38 万亩。综合利用小麦秸秆 156.5 万亩,实现"三夏"期间小麦秸秆的全量化利用。截至 2020 年底,累计完成 2921 家规模化畜禽养殖场粪污治理,规模畜禽养殖场粪污处理设施装备配套率达到 100%。

乡村道路建设稳步提升。2018 年天津市共完成 500 公里乡村公路改造任务。农业农村委和交通运输委完成了全市农村道路情况的调查统计工作。在进一步摸清底数的基础上,研究制定实施方案,用四年时间完成全市农村入户道路建设,加大道路的通达深度。此外,拓宽马路涉及的砍伐大树的问题,也在工作推进中予以妥善解决。

二、研究区分区域情况分析

天津市有 10 个涉农区,东丽区已基本实现全区城镇化。因此,本书调研中涉及农村的区域为 9 个,分别为滨海新区、西青区、津南区、北辰区、武清区、静海区、宁河区、宝坻区、蓟州区。在推进农村人居环境整治行动方案的过程中,各区结合实际,分别制定了各区的《农村人居环境整治三年行动实施方案》并得以贯彻落实,有效推进农村全域清洁化工程和六大行动全面实施开展。

（一）各区农村人居环境整治现状总体分析

2018 年,天津市开展农村人居环境整治工程以来,各区均取得了阶段性的成效。根据农村人居环境整治所涉及的农村全域清洁、生活垃圾整治、农村厕所改造、农村污水处理、基础设施建设、农业面源污染治理、村庄绿化美化 7 个主要方向及涉及的具体指标,本书设计了相应的评分标准,以 2018 年末作为现状分析的时间节点,针对天津市各区开展的农村人居环境整治工程的具体情况进行总体分析及归类分析。其中,针对天津市各区开展的农村人居环境整治的推进成效如表 3 - 1 所示,具体评分标准如表 3 - 2 所示。

从综合评分来看,西青区、武清区、静海区的农村地区在经过 2018 年为期半年的农村人居环境整治后,人居环境现状在全市排名均靠前,而滨海新区、宝坻区、津南区、北辰区次之,宁河区与蓟州区在经过小规模人居环境整治的现状排名较以上区域的差距较大,还有很大的整治及提升空间。因此,应该加强宁河区与蓟州区两个区域关于《农村人居环境整治行动》方案的推行及具体实践,同时加强对这两个区域乡村人居环境整治的监督及管理,督促这两个区加快乡村人居环境整治工作。此外,相关部门还应督促其他区域负责人尽快完善农户村地区环境美化的短板,保持已有的整治成果,坚决杜绝反弹现象。

表 3-1　天津分区县农村人居环境整治现状评估

评分项目	武清	西青	北辰	宁河	静海	滨海新区	津南	宝坻	蓟州
农村全域清洁	****	****	****	***	****	***	***	****	*
生活垃圾整治	****	***	**	****	***	***	**	***	***
厕所改造	***	***	**	*	*	*	**	**	**
污水处理	***	**	**	*	**	**	***	**	**
基础设施建设	****	***	**	*	***	****	****	***	*
农业面源污染	*	****	***	****	***	***	**	***	***
村庄绿化美化	***	****	***	**	**	**	**	**	*
合计	21	23	17	16	20	18	17	18	13

备注:*代表不同项目的分指标全部或部分完成,*越多,代表该项目完成或进展情况越好。

表 3-2　具体评分标准

评分项目	1	2	3	4
农村全域清洁	整治村庄环境（违建）	整治道路、沟渠	整治田园环境	整治农户庭院
生活垃圾整治	配备保洁员及管理制度	垃圾收集转运	垃圾处理处置	垃圾源头分类
厕所改造	户厕改造	公厕改造	化粪池等设备配备	—
污水处理	建设污水处理站	建设污水管网	黑臭水体处理	湖河坑塘台账管理
基础设施建设	村庄规划及示范村建设	道路桥梁建设	农村危房改造	饮水城市化建设
农业面源污染	养殖污染防治	秸秆综合利用	农药化肥控制	农田残膜回收
村庄绿化美化	植树造林	田园美化	村镇美化	家庭美化

备注:除厕所改造一项是3分,其余指标均为4分。

（二）各区农村人居环境整治现状归类分析

本小节第一部分对天津市各区人居环境现状进行总体分析,而这里将着重针对人居环境整治的主攻方向及具体指标进行天津市各区的归类分析,从具体指标上对各区的整治现状提出更详细的优化及整治要求。

其中,在农村全域清洁方面,西青区、武清区、北辰区、静海区、宝坻区的全域清洁现状相对较好,在村庄环境卫生、道路和沟渠清理、农田环境治理及农户庭院清理等指标均在完善或正在完善。宁河区、滨海新区、津南区的全域清洁化主要针对村庄环境卫生、道路和沟渠清理、农田环境治理等指标,农户庭院的清洁现状还有一定短板。而蓟州区的4个指标的完善程度相对较弱。

在生活垃圾整治方面,武清区、宁河区的生活垃圾治理现状相对较好,在保洁员配置、垃圾集中整治、垃圾集中处理及垃圾源头分类方面已有完善的管理体系;西青区、静海区、滨海新区、蓟州区及宝坻区的短板主要在于垃圾源头分类还未得到有效开展和规划。而北辰区、津南区在4个指标的完善程度上相对较弱,主要短板还在于村内虽然添置及配备了垃圾桶、转运站等相应收集及转运装置,但对于村内的清洁及管理制度还处于规划阶段,垃圾处理与处置还需转运到其他地区。此外,垃圾分类还未得到规划和推动。

在厕所改造方面,武清区和西青区的厕所改造情况最佳,在户厕改造、公厕改造及三格化粪池设施建设等方面均已全面展开。北辰区、津南区、蓟州区和宝坻区次之,主要短板在于规划跟不上。而滨海新区、宁河区、静海区在公厕改造、三格化粪池建设等指标上还有很大的提升空间。

在污水处理方面,武清区、津南区的污水处理及设施建设较为完备,包括污水管网和污水处理站建设、湖河坑塘等台账管理,但在黑臭水体治理等方面还有待加强。西青区、北辰区、静海区、滨海新区、宝坻区、蓟州区次之,主要短板在于湖河坑塘等台账管理及黑臭水体治理等方面还未得到有效规划。宁河区的污水处理现状较差,其中,污水处理站及污水管网铺设情况还需全面普及,同时,本区内所涉及的湖河坑塘的管理还需出台相应制度及管理条例,最大限度降低污水排放,实现污水的循环化利用。

在基础设施建设方面,武清区、静海区、滨海新区的基础设施建设较为完备,主要涉及农村规划和示范村建设、农村公路建设、农村危房改造及饮水城市化建设等问题。西青区、津南区次之,主要短板分别为危房改造及饮水城市化建设。北辰区、宁河区、宝坻区及蓟州区的基础设施建设情况最差,其短板分别在示范村建设、危房改造及饮水城市化等多个层面。因此,以上区域的区政府及相关管理部门应做好规划,应对存在的短板。

在农业面源污染控制层面,西青区、宁河区、静海区的农村面源污染程度最低,在养殖污染防治、秸秆综合利用、农药化肥减量使用和农田残膜的回收等层面起到了较好的示范作用。北辰区、滨海新区、宝坻区和蓟州区次之,主要短板分别为农药化肥的控制使用以及农田残膜的回收。武清区和津南区的农业面源污染程度最高,其中,对农药化肥的控制使用以及农田残膜的回收还有待加强。此外,津南区对于秸秆的综合利用程度较低,无法实现资源的回收再利用。因此,以上区域应着重针对各自短板进行规划与整治。

在村庄绿化美化层面,西青区的村庄绿化美化程度最高,成效显著,主要表现在植树造林、田园美化、村镇美化以及农户家庭美化。武清区、北辰区次之,短板主要在于农户家庭美化不足。滨海新区、静海区、津南区、宝坻区、宁河区及蓟州区的村庄美化程度最差,除对农村地区的乡村环境进行全域清洁外,以上区域还应加强对村庄的绿化及美化,使村民生活更加宜居。因此,以上各区域应针对其短板或不足进行系统规划及推动治理。

第二节 抽样调查对象基本情况

一、样本村现状分析

(一)调研区域选择与询问细则

同前文所述,天津市农村人居环境整治调研共涉及 9 个区:武清区、西青区、北辰区、宁河区、静海区、滨海新区、津南区、宝坻区、蓟州区,选取其中 15 个镇的 23 个村作为调研村。

对调研村采取与村委会干部座谈的半结构访谈形式,询问该村农村人居环境整治方面的基本信息,了解该村在此项工作方面进展情况(见附录 A.1)。

询问内容分为四大指标19小项,涉及建设管理、公共环境和基础设施情况。建设管理询问细则包括:是否配备专门负责清扫卫生与收集垃圾的保洁员,村里是否做了村级规划。公共环境询问细则包括:村里是否实行环境卫生门前三包和定期检查制度,观察村容村貌,村里是否有公共厕所以及建设情况。基础设施询问细则包括:村里公共下水道是否出现过堵漏冻等情况,村里管网出现问题通常如何解决,主观认为村里管网出现问题应由谁解决,农户改厕情况,农户取暖使用能源情况,农户做饭使用能源情况,通电情况,自来水、污水管网建设情况,污水处理设施建设使用情况,垃圾处理情况。农业生产询问细则包括:秸秆处理情况,农药化肥使用情况,畜禽养殖废弃物处理。

(二)主要指标现状分析

1. 保洁员配备情况

23个村全部配备保洁员负责公共区域的卫生清扫与垃圾收集工作,其中2个村实行公司化运营,由保洁公司负责保洁员工资发放。

2. 村里是否做了村级规划

3个村明确表示已经做出村庄规划,其他20个村均无具体规划。3个村属于计划不保留村,在城市规划中准备拆迁。

3. 村里是否实行环境卫生门前三包和定期检查制度

7个村没有施行门前三包制度,16个村有门前三包制度。部分村还制定了干部和党员三包制度,由村干部和党员负责某一段街道清洁的督促工作。

4. 观察村容村貌

村容村貌与村子距离中心城区的远近没有必然联系。调研中发现,有的村里道路整洁、垃圾清运及时,而部分村里垃圾整治不到位,村民怨言很大。

5. 村里是否有公共厕所以及建设情况

村里公厕主要包括四种类型:第一类是旱厕;第二类是水冲厕所;第三类是移动式公厕;第四类是设置在旅游村内,可以供游客洗澡用。样本村中有4个村建有水冲公厕,1个村建有移动式公厕,2个村建有旅游厕所,其余村均为旱厕。

6. 村里公共下水道是否出现过堵漏冻等情况以及出现问题通常如何解决

在装有公共下水道的村中,有 15 个村没有出现过堵漏冻等情况。6 个村出现过该种情况,其中 5 个村由村委会或本村人修理,1 个村由公司负责维修。

7. 主观认为村里管网出现问题应由谁解决

只有 2 个村认为应该由公司负责维修,其他均认为应由村委会负责。

8. 农户改厕情况

样本村厕所主要有四种情况:①无户厕;②接入污水管道;③三格化粪池水厕需自己清理;④旱厕。2 个村基本无户厕,3 个村基本为旱厕。2 个村的户厕全部接入污水管网,无须自己处理。其他村的户厕部分使用三格化粪池,需农户自己花钱请人清理,部分接入污水管道。

9. 农户取暖使用能源情况

7 个村使用壁挂炉,用天然气取暖。3 个村已改壁挂炉,但还未通天然气,仍然使用煤或电取暖。3 个村集中供暖。其他村使用煤和电相结合的方式取暖。

10. 农户做饭使用能源情况

7 个村因通天然气,使用天然气烧饭。其他村使用煤气罐、电、柴相结合的方式烧火做饭。

11. 通电情况

23 个村全部 24 小时通电。

12. 自来水

自来水主要分为三种情况:①无集中供水;②村庄集中供水;③城镇自来水厂集中供水。8 个村分时段集中供应地下水,8 个村 24 小时供应地下水,2 个村由供水站供水,1 个村使用户井用水。4 个村有自来水供应,但没有明确是村庄集中供水还是接入城镇自来水。

13. 污水管网建设情况

污水管网建设情况分为三种:①无污水管网;②已经建设管网;③准备或正在建设管网。8 个村无污水管网,12 个村建有污水管网。1 个村正在施工,1 个村正在升级设备,1 个村已建管网但未运营。

15. 污水处理设施建设使用情况

9 个村明确建有污水处理设施,2 个村正在或计划建设。

15. 垃圾处理情况

垃圾处理基本遵循村收、镇运、区处理的流程。1 个村存在村边界"三不管"地带垃圾较多情况,1 个村存在露天垃圾池味道大、影响周边村民生活的情况。4 个村的垃圾由公司负责运营处理。所有样本村没有实行垃圾分类制度。

16. 农业生产中的废弃物处理

农业生产中的废弃物处理监管较严格,涉及秸秆的处理均由村里统一处理,地膜由镇里负责回收,农业化肥的使用也比较规范,农药使用量有严格规定,化肥袋需集中处理。畜禽养殖情况不多,其废弃物有化粪池或定期拉走。

二、被调查村民基本情况

本次问卷调查,成功访问了 1204 名天津农村地区的常住人口。问卷涉及 9 个区,各区村民被调查分布情况见图 3-1。

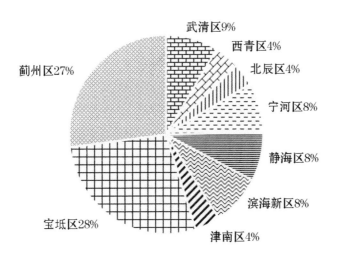

图 3-1 村民被调查区分布饼状图

此次调查问卷结果显示(见表3-3),有效的1187份问卷中,男性村民有467人,有效百分比占39.3%;女性村民有720人,有效百分比占60.7%(见附录表A-1)。

全体被调查村民的年龄信息中有32人缺失。在有出生年份信息的1172份问卷中,最低年龄为7岁,最高年龄为100岁,平均年龄为55.11岁。本次调查采用7个年龄段的分类方式:30岁以下64人,有效百分比为5.5%;31—40岁115人,有效百分比为9.8%;41—50岁188人,有效百分比为16.0%;51—60岁347人,有效百分比为29.6%;61—70岁327人,有效百分比为27.9%;70岁以上131人,有效百分比为11.2%(见附录表A-2)。调查对象中50岁以上村民占比约70%,从侧面印证了农村老龄化问题。

本次调查询问村民家庭常住人口总数(全年在家居住6个月以上的家庭成员),将其分为5种情况:1人、2人、3人、4人、5人及以上。被调查村民中有32人的家庭常住人口信息缺失。在有该信息的1172份问卷中,选择家庭常住1人的村民有44人,有效百分比为3.8%;选择家庭常住2人的村民有291人,有效百分比为24.8%;选择家庭常住3人的村民有217人,有效百分比为18.5%;选择家庭常住4人的村民有201人,有效百分比为17.2%;选择家庭常住5人及以上的村民有419人,有效百分比为35.8%(见附录表A-3)。

本次调查询问村民的受教育情况,共分为5种情况:小学及以下,初中,高中(含高职、中专),大学(含大专及本科),研究生及以上。被调查村民中有24人的受教育情况缺失。在有该信息的1180份问卷中,小学及以下514人,有效百分比为43.6%;初中学历有474人,有效百分比为40.2%;高中(含高职、中专)学历139人,有效百分比为11.8%;大学(含大专及本科)学历48人,有效百分比为4.1%;研究生及以上学历5人,有效百分比为0.4%(见附录表A-4)。被调查对象受教育程度普遍偏低,大学以上学历占比为4.5%。

本次调查询问村民的政治面貌,共分为3种情况:中共党员,共青团员和群众。被调查村民中有17人的政治面貌缺失。在有该信息的1187份问卷中,中共党员 137 人,有效百分比为 11.5%;共青团员 32 人,有效百分比为 2.7%;群众 84.6 人,有效百分比为 85.8%。总体来看,群众占大多数(85.8%),党员和团员占少数(14.2%)(见附录表 A−5)。

本次调查询问村民的家庭年收入,其中有 21 人的信息缺失。在有该信息的 1183 份问卷中,家庭年收入在 1 万元以下的有 299 人,有效百分比为 25.3%;收入在 1 万—3 万元的有 429 人,有效百分比为 36.3%;收入在 3 万—5 万元的有 294 人,有效百分比为 24.9%;收入在 5 万—8 万元的有 105 人,有效百分比为 8.9%;收入在 8 万元以上的有 56 人,有效百分比为 4.7%(见附录表 A−6)。在调研过程中村民普遍存在不愿意透露家庭实际收入的情况,因此家庭年收入仅作为参考。

本次调查询问村民的家庭年收入来源,请被调查者在 9 个选项中选择 3 项并根据选项的重要程度排序。总体来看,村民收入主要来源于打工、务农和工资性收入。所有被调查者中,有 17 人信息缺失。有效的 1187 份问卷中,收入来源排序第一中选择务农的有 379 人,有效百分比为 31.9%;选择打工的有 429 人,有效百分比为 36.1%,占比最多;选择工资的有 137 人,有效百分比为 11.5%;选择经商的有 69 人,有效百分比为 5.8%;选择子女赡养的有 60 人,有效百分比为 5.1%;选择政府补助的有 70 人,有效百分比为 5.9%;选择房租收入的有 3 人,有效百分比为 0.3%;选择地租收入的有 22 人,有效百分比为 1.9%,选择其他的有 18 人,有效百分比为 1.5%(见附录表A−7)。

收入来源排序第二有 582 人信息缺失,有 622 份选择该选项。其中选择务农的有 142 人,有效百分比为 22.8%;选择打工的有 191 人,有效百分比为 30.7%,占比最多;选择工资的有 76 人,有效百分比为 12.2%;选择经商的有 23 人,有效百分比为 3.7%;选择子女赡养的有 31 人,有效百分比为 5.0%;选择政府补助的有 66 人,有效百分比为 10.6%;选择房租收入的有 16 人,有效百分比为 2.6%;选择地租收入的有 69 人,有效百分比为 11.1%,选择其他的有 8 人,有效百分比为 1.3%(见表 A−8)。

收入来源排序第三有 999 人信息缺失,有 205 份选择该选项。其中选择务农的有 19 人,有效百分比为 9.3%;选择打工的有 13 人,有效百分比为

6.3%;选择工资的有46人,有效百分比为22.4%;选择经商的有16人,有效百分比为7.8%;选择子女赡养的有20人,有效百分比为9.8%;选择政府补助的有16人,有效百分比为7.8%;选择房租收入的有7人,有效百分比为3.4%;选择地租收入的有64人,有效百分比为31.2%,占比最多;选择其他的有4人,有效百分比为2.0%(见附录表A-9)。

表3-3 调查对象基本特征描述

统计指标		比例(%)
性别	男	39.30
	女	60.70
年龄	30岁以下	5.50
	31—40岁	9.80
	41—50岁	16.00
	51—60岁	29.60
	61—70岁	27.90
	70岁以上	11.20
教育水平	小学及以下	43.60
	初中	40.20
	高中	11.80
	大学	4.10
	研究生及以上	0.40
政治面貌	中共党员	11.50
	共青团员	2.70
	群众	85.80
家庭常住人口	1人	3.80
	2人	24.80
	3人	18.50
	4人	17.20
	5人及以上	35.80

统计指标		比例（%）
家庭年收入	10000 元以下	25.30
	10001—30000 元	36.30
	30001—50000 元	24.90
	50001—80000 元	8.90
	80001 元以上	4.70

第三节　问卷调查分析

本书问卷调查总共分为三大部分。第一部分为问卷说明，记载问卷编号、访问地点、访问员姓名、访问时间和感谢语；第二部分为问卷主体，包含17 道小题，题型有单选、不定项选择、排序和自由发挥，调查村民对农村人居环境整治的认知度、满意度及参与度三个维度；第三部分为被访问者基本信息，已在上一小节有所说明，共设置 7 道小题，包括被访问者的性别、年龄、受教育情况、家庭收入等。整个问卷的访问时间在 15 分钟内能够完成。

一、总体分析

问卷从认知度、满意度及参与度调研农村人居环境整治问题。

（一）农村人居环境整治基本情况

1. 家庭基础设施情况

问卷询问村民家庭五类基础设施建设情况：是否拥有 24 小时自来水、定时自来水、下水管道、完整下水道水冲式厕所、三格化粪池厕所（冲水厕所分为完整下水道水冲式厕所和三格化粪池厕所两种，其中完整下水道水冲式厕所接入污水管网，无须村民自己清理；三格化粪池厕所需要村民定期清理），选项分为"有、没有、不了解"三项（见表 3 - 4）。

选项"是否配备24小时自来水"有31人信息缺失,在勾选该选项的1173份问卷中,选择"有"的有668人,有效百分比为56.9%;选择"没有"的为504人,有效百分比为43.0%;选择"不了解"的为1人,有效百分比为0.1%(见附录表A-10)。选项"是否配备定时自来水"有103人信息缺失,在勾选该选项的1101份问卷中,选择"有"的为517人,有效百分比为47.0%;选择"没有"的为580人,有效百分比为52.7%;选择"不了解"的为4人,有效百分比为0.4%(见附录表A-11)。调查数据表明,大部分村民家中拥有24小时或定时自来水。

选项"是否拥有下水管道"有43人信息缺失,在勾选该选项的1161份问卷中,选择"有"的为935人,有效百分比为80.5%;选择"没有"的为218人,有效百分比为18.8%;选择"不了解"的为8人,有效百分比为0.7%(见附录表A-12)。选项"是否拥有完整下水道水冲式厕所"有160人信息缺失,在勾选该选项的1044份问卷中,选择"有"的为511人,有效百分比为48.9%;选择"没有"的为526人,有效百分比为50.4%;选择"不了解"的为7人,有效百分比为0.7%(见附录表A-13)。选项"是否拥有三格化粪池厕所"的有81人信息缺失,在勾选该选项的1123份问卷中,选择"有"的为471人,有效百分比为41.9%;选择"没有"的为643人,有效百分比为57.3%;选择"不了解"的为9人,有效百分比为0.8%(见附录表A-14)。

从各区情况来看,武清区拥有24小时自来水和定时自来水的村民大约各占50%,拥有下水道的有效百分比为95.9%,91.8%的被调查者拥有需自己清理的水冲厕所。西青区几乎所有村民家拥有24小时自来水,95.9%的被调查者家中有下水道,分别有22.2%和6.8%的村民家中有下水道水冲式厕所和三格化粪池厕所。北辰区85.7%的被调查者家中有定时自来水,所有村民家中都有下水道,84.1%的村民家中有下水道水冲式厕所。宁河区被调查村民家中全部为定时自来水,31.6%的被调查者拥有下水管道,分别有9.5%和29.9%的村民家中有下水道水冲式厕所和三格化粪池厕所。静海区分别有63.2%和38.5%的被调查者拥有24小时自来水和定时自来水,59.3%的村民家中有下水道,4/5的村民家中是旱厕或没有户厕。滨海新区全部为定时自来水,有下水道和没有下水道的家庭各占一半。只有5%的人家里有冲水厕所(下水道水冲式厕所和三格化粪池厕所合计)。津南区98%的农户家里有24小时自来水,全部拥有下水管道,有超过一半的人家里拥有冲水厕所(下水道水冲式厕所和三格化粪池厕所合计)。宝坻区97.3%的村民家中拥有下水道。蓟州区64.9%和11.4%的被调查者拥有24小时自来水和定时自来水,79.9%的村民家中有下水道。

表3-4 村民家庭基础设施情况

家庭基础设施	有效百分比(%)		
	有	没有	不了解
24小时自来水	56.90	43.00	0.11
定时自来水	47.00	52.70	0.40
下水管道	80.50	18.80	0.70
完整下水道水冲式厕所	48.90	50.40	0.70
三格化粪池厕所	41.90	57.30	0.80

2. 所在村公共基础设施情况

本次问卷询问村民所在村六类公共基础设施建设情况:村里是否拥有垃圾箱/垃圾池、垃圾转运箱、保洁三轮车/机动车、污水管道、污水处理设施、公共冲水厕所,选项分为"有、没有、不了解"三项(见表3-5)。选项"是否配备垃圾箱/垃圾池"有30人信息缺失,在勾选该选项的1174份问卷中,选择"有"的为1163人,有效百分比为99.1%;选择"没有"的为10人,有效百分比为0.9%;选择"不了解"的为1人,有效百分比为0.1%(见附录表A-15)。

表 3-5　所在村公共基础设施情况

公共基础设施	有效百分比(%)		
	有	没有	不了解
垃圾箱/垃圾池	99.10	0.90	0.10
垃圾转运箱	95.70	3.80	0.40
保洁三轮车/机动车	96.70	2.40	0.90
污水管道	76.70	22.00	1.30
污水处理设施	66.80	29.10	4.10
公共冲水厕所	42.60	53.40	4.00

选项"是否配备垃圾转运箱"有 30 人信息缺失,在勾选该选项的 1174 份问卷中,选择"有"的为 1124 人,有效百分比为 95.7%;选择"没有"的为 45 人,有效百分比为 3.8%;选择"不了解"的为 5 人,有效百分比为 0.4% (见附录表 A-16)。

选项"是否配备保洁三轮车/机动车"有 34 人信息缺失,在勾选该选项的 1170 份问卷中,选择"有"的为 1131 人,有效百分比为 96.7%;选择"没有"的为 28 人,有效百分比为 2.4%;选择"不了解"的为 11 人,有效百分比为 0.9%(见附录表 A-17)。

选项"是否配备污水管道"有 38 人信息缺失,在勾选该选项的 1166 份问卷中,选择"有"的为 894 人,有效百分比为 76.7%;选择"没有"的为 257 人,有效百分比为 22.0%;选择"不了解"的为 15 人,有效百分比为 1.3% (见附录表 A-18)。

选项"是否配备污水处理设施"有 38 人信息缺失,在勾选该选项的 1166 份问卷中,选择"有"的为 779 人,有效百分比为 66.8%;选择"没有"的为 339 人,有效百分比为 29.1%;选择"不了解"的为 48 人,有效百分比为 4.1%(见附录表 A-19)。

选项"是否配备公共冲水厕所"有 42 人信息缺失,在勾选该选项的 1162 份问卷中,选择"有"的为 495 人,有效百分比为 42.6%;选择"没有"的为 620 人,有效百分比为 53.4%;选择"不了解"的为 47 人,有效百分比为

4.0%（见附录表 A－20）。

从各区情况来看,武清区污水管道和污水处理设施分别达到 99.0% 和 94.8%,公共冲水厕所拥有率达到 62.9%。北辰区 100% 配有公共冲水厕所。宁河区大约 70% 的调查者所在村没有污水管道和污水处理设施。静海区 51.6% 和 96.8% 的村民选择没有污水管道和污水处理设施。滨海新区 38% 和 50.0% 的村民选择没有污水管道和污水处理设施。宁河、静海和滨海新区三个区几乎没有公共冲水厕所。津南区 89.8% 的村民选择自己所在村配有公共冲水厕所。

3. 户厕粪污流向基本情况

询问粪污流向的问题中(见表 3－6),有 48 人信息缺失,在勾选该选项的 1156 份问卷中,选择"下水道冲走"的为 429 人,有效百分比为 37.1%;选择"村里定期清理"的为 187 人,有效百分比为 16.2%;选择"自己找人清理"的为 338 人,有效百分比为 29.2%;选择"其他"的为 202 人,有效百分比为 17.5%(见附录表 A－21)。从各区情况来看,宝坻和北辰区选择"下水道冲走"的比例较高,为 77% 以上,津南、西青和滨海新区选择"其他"的比例超过 50%,武清、宁河和蓟州区选择"自己找人清理"的比例较高。

表 3－6　户厕粪污流向情况

户厕粪污流向	有效百分比(%)
下水道冲走	37.1
村里定期清理	16.2
自己找人清理	29.2
其他	17.5

4. "煤改燃"基本情况

本部分问卷询问村民能源使用情况,分为做饭用能和取暖用能,以观察调研村的"煤改电""煤改气"实际运行情况(见表 3－7)。

询问村民做饭用能源的问题中,有 30 人信息缺失,在勾选该选项的 1174 份问卷中,选择"电"的有 589 人,有效百分比为 50.3%;选择"天然气/煤气"的有 824 人,有效百分比为 70.2%;选择"太阳能/沼气"的有 24 人,有效百分比为 2.0%;选择"煤"的有 55 人,有效百分比为 4.7%;选择"柴"的有 150 人,有效百分比为 12.8%;选择"其他"的有 16 人,有效百分比为 1.4%(见附录表 A -22 至表 A -27)。大多数村民使用电和天然气/煤气结合的方式做饭。津南区选择"天然气/煤气"的比例最高,为 94%。

询问村民取暖用能源的问题中,有 52 人信息缺失,在勾选该选项的 1152 份问卷中,选择"电"的有 273 人,有效百分比为 23.7%;选择"天然气/煤气"的有 546 人,有效百分比为 47.4%;选择"太阳能/沼气"的有 14 人,有效百分比为 1.2%;选择"煤"的有 408 人,有效百分比为 35.4%;选择"柴"的有 76 人,有效百分比为 6.6%;选择"其他"的有 14 人,有效百分比为 1.2%(见附录表 A -28 至表 A -33)。大多数村民使用天然气/煤气和煤结合的方式取暖。滨海新区选择"电"的比例最高,为 95.9%;津南区选择"天然气/煤气"的比例最高,为 93.5%。

表 3 - 7　村民能源使用情况　　　　　　　　　　单位:%

能源选择	做饭用能源		取暖用能源	
	是	否	是	否
电	50.30	49.70	23.70	76.30
天然气/煤气	70.20	29.80	47.40	52.60
太阳能/沼气	2.00	98.00	1.20	98.80
煤	4.70	95.30	35.40	64.60
柴	12.80	87.20	6.60	93.40
其他	1.40	98.60	1.20	98.80

(二)村民对农村人居环境整治知晓度、认知度调查分析

1. 村民对农村人居环境整治措施知晓度分析

本部分问卷询问村民对八类农村人居环境治理措施的知晓度:农村生活垃圾治理方案、农村生活污水治理方案、农村厕所革命、村容村貌改善(道路、路灯、绿化、卫生)措施、畜禽养殖废弃物处理办法、地膜/秸秆等合理处置方法、合理使用农药的管理规则、本村整体环境规划,选项分为"非常不了解、比较不了解、不确定、比较了解、非常了解"五项(见表 3 -8)。

对农村生活垃圾治理方案了解程度一项,有 28 人信息缺失,在勾选该选项的 1176 份问卷中,选择"非常不了解"的为 65 人,有效百分比为 5.5%;选择"比较不了解"的为 193 人,有效百分比为 16.4%;选择"不确定"的为 122 人,有效百分比为 10.4%;选择"比较了解"的为 575 人,有效百分比为 48.9%;选择"非常了解"的为 221 人,有效百分比为 18.8%(见附录表A - 34)。

对农村生活污水治理方案了解程度一项,有 38 人信息缺失,在勾选该选项的 1166 份问卷中,选择"非常不了解"的为 84 人,有效百分比为 7.2%;选择"比较不了解"的为 226 人,有效百分比为 19.4%;选择"不确定"的为 166 人,有效百分比为 14.2%;选择"比较了解"的为 519 人,有效百分比为 44.5%;选择"非常了解"的为 171 人,有效百分比为 14.7%(见附录表A - 35)。

对农村厕所革命了解程度一项,有 36 人信息缺失,在勾选该选项的 1168 份问卷中,选择"非常不了解"的为 82 人,有效百分比为 7.0%;选择"比较不了解"的为 190 人,有效百分比为 16.3%;选择"不确定"的为 161 人,有效百分比为 13.8%;选择"比较了解"的为 492 人,有效百分比为 42.1%;选择"非常了解"的为 243 人,有效百分比为 20.8%(见附录表A - 36)。

对村容村貌改善(道路、路灯、绿化、卫生)措施了解程度一项,有 37 人信息缺失,在勾选该选项的 1167 份问卷中,选择"非常不了解"的为 53 人,有效百分比为 4.5%;选择"比较不了解"的为 147 人,有效百分比为 12.6%;选择"不确定"的为 175 人,有效百分比为 15.0%;选择"比较了解"的为 533 人,有效百分比为 45.7%;选择"非常了解"的为 259 人,有效百分比为 22.2%(见附录表A - 37)。

对畜禽养殖废弃物处理办法了解程度一项,有 51 人信息缺失,在勾选该选项的 1153 份问卷中,选择"非常不了解"的为 94 人,有效百分比为 8.2%;选择"比较不了解"的为 218 人,有效百分比为 18.9%;选择"不确定"的为 306 人,有效百分比为 26.5%;选择"比较了解"的为 366 人,有效百分比为 31.7%;选择"非常了解"的为 169 人,有效百分比为 14.7%(见附录表A -

38)。

对地膜/秸秆等合理处置方法了解程度一项,有 40 人信息缺失,在勾选该选项的 1164 份问卷中,选择"非常不了解"的为 68 人,有效百分比为5.8%;选择"比较不了解"的为 199 人,有效百分比为 17.1%;选择"不确定"的为 243 人,有效百分比为 20.9%;选择"比较了解"的为 425 人,有效百分比为 36.5%;选择"非常了解"的为 229 人,有效百分比为 19.7%(见附录表A – 39)。

对合理使用农药的管理规则了解程度一项,有 39 人信息缺失,在勾选该选项的 1165 份问卷中,选择"非常不了解"的为 71 人,有效百分比为 6.1%;选择"比较不了解"的为 210 人,有效百分比为 18.0%;选择"不确定"的为 244 人,有效百分比为 20.9%;选择"比较了解"的为 420 人,有效百分比为 36.1%;选择"非常了解"的为 220 人,有效百分比为 18.9%(见附录表A – 40)。

对本村整体环境规划程度一项,有 34 人信息缺失,在勾选该选项的 1170 份问卷中,选择"非常不了解"的为 118 人,有效百分比为 10.1%;选择"比较不了解"的为 218 人,有效百分比为 18.6%;选择"不确定"的为 259 人,有效百分比为 22.2%;选择"比较了解"的为 350 人,有效百分比为 29.9%;选择"非常了解"的为 225 人,有效百分比为 19.2%(见附录表A – 41)。

从各区情况来看,在这些选项中津南区选择"非常了解"的比例最高,均在 50% 左右。

表3－8　村民对农村人居环境整治措施知晓度　　　　单位:%

农村人居环境整治措施	有效百分比				
	非常不了解	比较不了解	不确定	比较了解	非常了解
农村生活垃圾治理方案	5.50	16.40	10.40	48.90	18.80
农村生活污水治理方案	7.20	19.40	14.20	44.50	14.70
农村厕所革命	7.00	16.30	13.80	42.10	20.80
村容村貌改善措施	4.50	12.60	15.00	45.70	22.20
畜禽养殖废弃物处理办法	8.20	18.90	26.50	31.70	14.70
地膜/秸秆等合理处置方法	5.80	17.10	20.90	36.50	19.70
合理使用农药的管理规则	6.10	18.00	20.90	36.10	18.90
本村整体环境规划	10.10	18.60	22.20	29.90	19.20

2. 村民了解农村人居环境治理主要途径

本次问卷询问村民从何种途径了解农村人居环境治理措施,包括网络、报纸、电视、广播、村委会宣传、亲友告知、其他(请自填),为不定项选择题(见表3－9)。有71人信息缺失,在勾选该选项的1133份问卷中,选择通过网络了解农村人居环境治理措施的有115人,有效百分比为10.2%;选择通过报纸了解农村人居环境治理措施的有58人,有效百分比为5.1%;选择通过电视了解农村人居环境治理措施的有159人,有效百分比为14.0%;选择通过广播了解农村人居环境治理措施的有355人,有效百分比为31.4%;选择通过村委会宣传了解农村人居环境治理措施的有843人,有效百分比为74.4%;选择通过亲友告知了解农村人居环境治理措施的有101人,有效百分比为8.9%;选择通过其他途径了解农村人居环境治理措施的有229人,有效百分比为20.2%(见附录表A－42至表A－48)。总体而言,大多数村民通过村委会的宣传了解农村人居环境整治的各项措施,说明基层治理中村委会对于信息传播起到重要作用。

表3-9 村民了解农村人居环境整治主要途径　　　　　单位:%

主要途径	有效百分比	
	是	否
网络	10.20	89.80
报纸	5.10	94.90
电视	14.00	86.00
广播	31.40	68.60
村委会宣传	74.40	25.60
亲友告知	8.90	91.10
其他	20.20	79.80

3. 村民对于垃圾处理认知程度

这一部分询问村民对于垃圾相关问题的认知程度。在如何处理自家生活垃圾的问题一项,有14人信息缺失,在勾选该选项的1190份问卷中,选择"混在一起扔到垃圾箱"的有859人,有效百分比为72.2%;选择"分类堆放"的有303人,有效百分比为25.5%;选择"随意丢弃"的有7人,有效百分比为0.6%;选择"其他"的有21人,有效百分比为1.8%(见附录表A-49)。大部分被调查者将垃圾混合丢弃,1/4的村民将可回收垃圾挑出后丢弃。

询问是否有必要进行垃圾分类的问题中,有11人信息缺失,在勾选该选项的1193份问卷中,选择"非常没必要"的有89人,有效百分比为7.5%;选择"没必要"的有259人,有效百分比为21.7%;选择"不确定"的有106人,有效百分比为8.9%;选择"有必要"的有549人,有效百分比为46.0%;选择"非常有必要"的有190人,有效百分比为15.9%(见附录表A-50)。这说明村民能够认识到垃圾分类的重要性,但由于现实条件的限制不能有效参与垃圾分类过程。

询问进行垃圾分类可分为哪些类别的问题中,有397人信息缺失,在勾选该选项的807份问卷中,选择"可回收物(废纸、塑料、玻璃、金属和布料)"的有763人,有效百分比为94.5%;选择"厨余垃圾"的有468人,有效百分比为58.0%;选择"有害垃圾"的有474人,有效百分比为58.7%;选择"其他垃圾"的有142人,有效百分比为17.7%(见附录表A–51至表A–54)。大部分村民对于垃圾分类的认知停留在回收旧塑料瓶等有明显回收价值的垃圾层面,而对于废旧电池等有害垃圾没有更深层次的认知。

询问厨余垃圾如何处理更好的问题中,有32人信息缺失,在勾选该选项的1172份问卷中,选择"自家沤肥做饲料"的有136人,有效百分比为11.6%;选择"本村建小型处理设施,集中收集、处理、再利用"的有320人,有效百分比为27.3%;选择"村收集镇转移区处理"的有556人,占大多数,有效百分比为47.4%;选择"其他"的有160人,有效百分比为13.7%(见附录表A–55)。其中武清区选择"本村建小型处理设施,集中收集、处理、再利用"的村民最多,为41.0%。

(三)村民对农村人居环境治理满意度分析

1.村民对各项措施满意度分析

本次问卷询问村民对八类农村人居环境治理措施的满意度:农村生活垃圾治理方案、农村生活污水治理方案、农村厕所革命、村容村貌改善(道路、路灯、绿化、卫生)措施、畜禽养殖废弃物处理办法、地膜/秸秆等合理处置方法、合理使用农药的管理规则、本村整体环境规划,选项分为"非常不满意、比较不满意、不确定、比较满意、非常满意"五项(见表3–10)。

对农村生活垃圾治理方案的满意程度一项,有22人信息缺失,在勾选该选项的1182份问卷中,选择"非常不满意"的有31人,有效百分比为2.6%;选择"比较不满意"的有78人,有效百分比为6.6%;选择"不确定"的有45人,有效百分比为3.8%;选择"比较满意"的有661人,有效百分比为55.9%;选择"非常满意"的有367人,有效百分比为31.0%(见附录表A–56)。

对农村生活污水治理方案的满意程度一项,有26人信息缺失,在勾选该选项的1178份问卷中,选择"非常不满意"的有48人,有效百分比为4.1%;选择"比较不满意"的有104人,有效百分比为8.8%;选择"不确定"的有107人,有效百分比为9.1%;选择"比较满意"的有620人,有效百分比为52.6%;选择"非常满意"的有299人,有效百分比为25.4%(见附录表A–57)。

对农村厕所革命满意程度一项,有 29 人信息缺失,在勾选该选项的 1175 份问卷中,选择"非常不满意"的有 55 人,有效百分比为 4.7%;选择"比较不满意"的有 133 人,有效百分比为 11.3%;选择"不确定"的有 112 人,有效百分比为 9.5%;选择"比较满意"的有 534 人,有效百分比为 45.4%;选择"非常满意"的有 341 人,有效百分比为 29.0%(见附录表A - 58)。

对村容村貌改善(道路、路灯、绿化、卫生)措施满意程度一项,有 29 人信息缺失,在勾选该选项的 1175 份问卷中,选择"非常不满意"的有 43 人,有效百分比为 3.7%;选择"比较不满意"的有 79 人,有效百分比为 6.7%;选择"不确定"的有 63 人,有效百分比为 5.4%;选择"比较满意"的有 613 人,有效百分比为 52.2%;选择"非常满意"的有 377 人,有效百分比为 32.1%(见附录表A - 59)。

对畜禽养殖废弃物处理办法满意程度一项,有 46 人信息缺失,在勾选该选项的 1158 份问卷中,选择"非常不满意"的有 27 人,有效百分比为 2.3%;选择"比较不满意"的有 91 人,有效百分比为 7.9%;选择"不确定"的有 270 人,有效百分比为 23.3%;选择"比较满意"的有 487 人,有效百分比为 42.1%;选择"非常满意"的有 283 人,有效百分比为 24.4%(见附录表A - 60)。

对地膜/秸秆等合理处置方法满意程度一项,有 34 人信息缺失,在勾选该选项的 1170 份问卷中,选择"非常不满意"的有 19 人,有效百分比为 1.6%;选择"比较不满意"的有 59 人,有效百分比为 5.0%;选择"不确定"的有 227 人,有效百分比为 19.4%;选择"比较满意"的有 530 人,有效百分比为 45.3%;选择"非常满意"的有 335 人,有效百分比为 28.6%(见附录表A - 61)。

对合理使用农药的管理规则满意程度一项,有 32 人信息缺失,在勾选该选项的 1172 份问卷中,选择"非常不满意"的有 22 人,有效百分比为 1.9%;选择"比较不满意"的有 55 人,有效百分比为 4.7%;选择"不确定"的有 232 人,有效百分比为 19.8%;选择"比较满意"的有 531 人,有效百分比为 45.3%;选择"非常满意"的有 332 人,有效百分比为 28.3%(见附录表A -

62)。

对本村整体环境规划满意程度一项,有25人信息缺失,在勾选该选项的1179份问卷中,选择"非常不满意"的有46人,有效百分比为3.9%;选择"比较不满意"的有80人,有效百分比为6.8%;选择"不确定"的有214人,有效百分比为18.2%;选择"比较满意"的有500人,有效百分比为42.4%;选择"非常满意"的有339人,有效百分比为28.8%(见附录表A-63)。

大部分村民对于农村人居环境整治措都比较满意或非常满意,在调查员的追问下一部分村民会流露出对整治细节的不满,如垃圾设在自家门口,厕所改造没有后续维护服务等。

表3-10　村民对农村人居环境整治措施满意度　　　　　单位:%

农村人居环境整治措施	有效百分比				
	非常不满意	比较不满意	不确定	比较满意	非常满意
农村生活垃圾治理方案	2.60	6.60	3.80	55.90	31.00
农村生活污水治理方案	4.10	8.80	9.10	52.60	25.40
农村厕所革命	4.70	11.30	9.50	45.40	29.00
村容村貌改善措施	3.70	6.70	5.40	52.20	32.10
畜禽养殖废弃物处理办法	2.30	7.90	23.30	42.10	24.40
地膜/秸秆等合理处置方法	1.60	5.00	19.40	45.30	28.60
合理使用农药的管理规则	1.90	4.70	19.80	45.30	28.30
本村整体环境规划	3.90	6.80	18.20	42.40	28.80

2. 村民对"厕所革命"的认同情况

这一部分询问村民对"厕所革命"的认同情况。询问使用厕所偏好的问题中,有24人信息缺失,在勾选该选项的1180份问卷中,选择"完整下水道水冲式厕所"的有1063人,有效百分比为90.1%;选择"三格化粪池厕所"的有85人,有效百分比为7.2%;选择"旱厕"的有22人,有效百分比为1.9%;选择"其他"的有10人,有效百分比为0.8%(见附录表A-64)。这说明大部分村民更愿意选择装有下水道或化粪池的水冲厕所,现代生活方式的方便快捷已经深入人心。

询问更愿意使用冲水厕所理由的问题为不定项选择题,有140人信息缺失,在勾选该选项的1064份问卷中,选择"方便"的有514人,有效百分比为48.4%;选择"干净卫生"的有1019人,有效百分比为95.8%;选择"舒适"的有262人,有效百分比为24.6%;选择"其他"的有11人,有效百分比为1.0%(见附录表A-65至表A-68)。超过90%的人认为"干净卫生"为使用冲水厕所的最重要理由。

询问更愿意使用旱厕的问题为不定项选择题,有1115人信息缺失,在勾选该选项的89份问卷中,选择"习惯"的有29人,有效百分比为32.6%;选择"费用低"的有40人,有效百分比为44.9%;选择"沤肥"的有20人,有效百分比为22.5%;选择"其他"的有16人,有效百分比为18.0%(见附录表A-69至表A-72)。进一步考虑费用问题后,一些村民流露出对水冲厕所费用的顾虑,传统旱厕则不需要考虑费用问题,还能回收沤肥。

询问户厕出现问题解决方式的问题中,有78人信息缺失,在勾选该选项的1126份问卷中,选择"自己修"的有366人,有效百分比为32.5%;选择"花钱找别人修理"的有378人,有效百分比为33.6%;选择"不花钱找别人修理"的有191人,有效百分比为17.0%;选择"其他"的有191人,有效百分比为17.0%(见附录表A-73)。

3. 村民对"煤改燃"的认同情况

询问村民是否认同煤改燃的问题中,有62人信息缺失,在勾选该选项的1142份问卷中,选择"好"的有777人,有效百分比为68.0%;选择"不好"的有98人,有效百分比为8.6%;选择"有好也有不好"的有267人,有效百分比为23.4%。大多数村民认同煤改燃,也有近四分之一的村民对其持中立态度(见附录表A-74)。

进一步询问村民认同煤改燃的理由一项,有49人信息缺失,在勾选该选项的1155份问卷中,选择"方便,不用起夜添煤"的有615人,有效百分比为53.2%;选择"干净卫生,家里没有煤灰"的有873人,有效百分比为75.6%;选择"环保,空气质量更好"的有403人,有效百分比为34.9%。

在询问不认同煤改燃的理由问题上,选择"习惯用煤"的有35人,有效百分比为 3.0%;选择"烧煤更暖和"的有 64 人,有效百分比为 5.5%;选择"烧煤更省钱"的有 140 人,有效百分比为 12.1%;选择"担心今后取暖补贴停发"的有 159 人,有效百分比为 13.8%;选择"其他"的有 111 人,有效百分比为 9.7%(见附录表A－75 至表A－82)。认同煤改燃的理由大多数为方便和干净,而不认同煤改燃的理由大多数是担心费用问题。

4. 村民对村里当前最需要解决问题的建议

最后部分询问村民对村里其他方面工作的建议,在 15 个选项中让被调查者按重要性选择三项,分别有 1136 人、914 人、748 人做出第一至第三个选择。村民关心的问题第一至第三个选择,排名第一分别为拓宽道路、保障 24 小时用水和及时清运村里垃圾。总体来看,村民更希望当下解决这些问题:增加绿化,增加污水管道、污水处理措施,硬化道路,增加文体设施,清洁卫生。希望"旱厕改冲水厕所"排在滨海新区和宁河区村民最关心的问题中第二和第三名,西青区最关心的问题排名第一为"整治违建"(见附录表A－83至表A－85)。

(四)村民参与度分析

1. 村民参与卫生大扫除调查

询问村民一年中参加卫生大扫除次数的问题中,有 21 人信息缺失,在勾选该选项的 1183 份问卷中,选择"从没参加"的有 615 人,有效百分比为 52.0%;选择"1 次"的有 68 人,有效百分比为 5.7%;选择"2 次"的有 104 人,有效百分比为 8.8%;选择"3 次及以上"的有 396 人,有效百分比为 33.5%(见附录表 A－86)。超过一半的村民没有参加过卫生大扫除,村民对环境治理的参与度较低。津南区卫生大扫除的参与度较高,58%的人选择"3 次及以上"。

2. 村民对于污水/垃圾付费意愿分析

询问是否愿意为污水/垃圾处理支付费用的问题中,有人 12 信息缺失,在勾选该选项的 1192 份问卷中,选择"是"的有 490 人,有效百分比为 41.1%;选择"否"的有 369 人,有效百分比为 31.0%;选择"随大流"的有 333 人,有效百分比为 27.9%(见附录表 A－87)。北辰、武清、静海选择"是"的村民较多,均超过 55.0%。

进一步询问愿意为污水/垃圾处理支付多少费用的问题中,有人 680 信息缺失,在勾选该选项的 524 份问卷中,选择"5 元以下"的有 250 人,有效百分比为 47.7%;选择"5—10 元"的有 184 人,有效百分比为 35.1%;选择"10—15 元"的有 32 人,有效百分比为 6.1%;选择"15—20 元"的有 28 人,有效百分比为 5.3%;选择"20 元以上"的有 30 人,有效百分比为 5.7%(见附录表 A - 88)。数据说明村民愿意付出较少费用将本村人居环境治理好,但一部分人不愿意为环境付费。

二、分区问卷分析

本小节对比各个区整治情况并识别各区的短板及存在的问题,为天津市政府及各区出台农村人居环境整治决策提供基础。

(一)村庄基础设施情况

1. 垃圾收运基础设施

垃圾收运的基础设施主要包含垃圾箱、保洁车及垃圾转运站等。其中,在垃圾箱设置方面,静海、蓟州两区的垃圾箱配备还有待进一步全覆盖;保洁车设置方面,蓟州、西青区还需强化;而在垃圾转运站建设方面,蓟州、静海、西青区需加快推动垃圾转运站建设的全覆盖。综合来看,蓟州区、静海区及西青区的垃圾收运的基础设施建设还有待加强,各区政府应加快垃圾收运的基础设施建设及全覆盖。

2. 污水处理基础设施

污水处理的基础设施主要包含污水处理管网建设及污水处理设施建设。其中,污水处理管道设置方面,武清、西青、北辰、津南、宝坻五区的污水处理管道铺设较完全,而宁河、静海、滨海新区及蓟州四区的管道铺设还需强化;在污水处理设施建设方面,武清、西青、北辰、津南、宝坻五区的建设及覆盖较完全,而宁河、静海、滨海新区及蓟州四区的污水处理设施还需加快建设,实现农村污水的有效处理。综合来看,宁河、静海、滨海新区及蓟州四区的污水处理基础设施还有待加强以实现农村污水零外排及循环化利用。

3. 公共冲水厕所

农村公共冲水厕所的设置主要基于各个城区的需求进行有效配置。其中,北辰、津南两区的公共冲水厕所基本实现全覆盖,而西青、武清、宝坻、蓟州四区还需根据各个村镇的需求及规划进行合理配置;而宁河、静海、滨海新区几乎未设置相应的公共冲水厕所。

(二)村民认知度与满意度分析

对于村民认知度与满意度的分析分别从生活污水处理、生活垃圾处理、厕所革命、农业污染的处理与处置等角度进行。

1. 生活垃圾治理

多数农村居民对生活垃圾治理方式及途径了解较为深入,纵观各区的情况,其中,津南区、西青区、北辰区的农村居民对于生活垃圾治理的了解较为深入,而静海、宁河、武清、蓟州、滨海新区、宝坻区的农村居民的了解较少,其中,以静海区的居民了解最少(见表3-11)。

在生活垃圾治理的居民满意度调查中,武清区、北辰区、滨海新区、津南区、宝坻区的农村居民对于乡镇政府对农村地区的生活垃圾治理情况比较满意,而宁河区、静海区农村居民对于垃圾整治的满意度还不足(见表3-11)。因此,以上两个区域的区政府及各级乡镇政府应加强农村地区生活垃圾收集、转运及处理的力度,解决农村地区垃圾乱丢乱堆现象,形成一个乡村宜居的无废环境。

表3-11　各区生活垃圾治理认知度　　　　　单位:%

区域	非常不了解	比较不了解	不确定	比较了解	非常了解
武清	11.9	8.9	11.9	42.6	24.8
西青	2.0	12.0	6.0	68.0	12.0
北辰	0.0	9.1	13.6	59.1	18.2
宁河	9.2	18.4	17.3	46.9	8.2
静海	12.5	37.5	0.0	26.8	23.2
滨海新区	3.1	17.5	9.3	51.5	18.6
津南	2.0	0.0	2.0	44.0	52.0
宝坻	4.6	16.5	7.6	49.4	22.0
蓟州	5.3	20.1	10.7	49.7	14.2

农村人居环境治理与绿色价值评价研究

表3-12 各区生活垃圾治理满意度   单位:%

区域	非常不了解	比较不了解	不确定	比较了解	非常了解
武清	1.0	0.0	5.9	59.8	33.3
西青	2.0	8.0	2.0	58.0	30.0
北辰	0.0	0.0	4.5	31.8	63.6
宁河	9.2	28.6	2.0	42.9	17.3
静海	7.6	15.2	7.6	57.6	12.0
滨海新区	0.0	4.0	2.0	64.0	30.0
津南	0.0	0.0	2.0	36.0	62.0
宝坻	1.8	0.9	3.0	60.9	33.3
蓟州	2.2	7.9	4.4	56.6	28.8

2. 生活污水治理

基于问卷调研分析结果,天津市各区对于生活污水治理渠道及途径的了解差异较大(见表3-13和表3-14)。其中,北辰区、津南区、武清区及西青区的农村居民对于污水治理途径较为了解,而宁河区、静海区及蓟州区的居民了解较少,这与污水处理设施在以上三个地区的普及程度差有很大关系,通过对污水处理设施进行调查研究,以上三个区域的污水处理设施建设在全市较落后,可能影响居民对于污水治理的了解途径。而在生活污水治理的居民满意度调查中,宁河区、静海区及蓟州区的污水处理居民满意度也较低,这与污水处理设施不普及、污水处理方式及渠道不了解有很大关系。

表3-13 各区生活污水治理认知度   单位:%

区域	非常不了解	比较不了解	不确定	比较了解	非常了解
武清	10.9	7.9	13.9	41.6	25.7
西青	4.1	18.4	10.2	55.1	12.2
北辰	2.3	6.8	15.9	56.8	18.2
宁河	12.2	24.5	20.4	39.8	3.1

区域	非常不了解	比较不了解	不确定	比较了解	非常了解
静海	10.1	28.1	15.7	37.1	9.0
滨海新区	3.1	23.5	11.2	50.0	12.2
津南	4.0	6.0	4.0	42.0	44.0
宝坻	6.4	16.8	8.0	48.6	20.2
蓟州	7.4	24.5	21.6	40.0	6.5

表 3 – 14　各区生活污水治理满意度　　　　　　　单位:%

区域	非常不了解	比较不了解	不确定	比较了解	非常了解
武清	1.0	0.0	7.9	58.4	32.7
西青	4.0	6.0	2.0	62.0	26.0
北辰	0.0	0.0	2.3	40.9	56.8
宁河	12.2	34.7	7.1	31.6	14.3
静海	13.2	17.6	8.8	53.8	6.6
滨海新区	2.0	12.1	8.1	55.6	22.2
津南	0.0	2.0	8.0	32.0	58.0
宝坻	2.4	0.6	3.3	63.0	30.6
蓟州	3.5	11.4	18.7	48.6	17.8

3.农村厕所革命

天津市各区的农村居民对于农村的厕所革命均有一定的了解,不了解的占比较低。但对于政府部门实施的户厕改造及公厕改造工程,给农村居民带来的满意度又有显著的差别。其中,武清区、北辰区、津南区、宝坻区对于农村厕所革命带来的效果十分认可,西青区及蓟州区次之,而宁河区、静海区及滨海新区对于开展的农村厕所革命所带来的效果并不十分认可,有接近50%的人口认为厕所革命并不显著(见表3 – 15 和表3 – 16)。

表 3 – 15   各区农村厕所革命认知度   单位:%

区域	非常不了解	比较不了解	不确定	比较了解	非常了解
武清	12.2	5.1	12.2	48	22.4
西青	8	10	12	60	10
北辰	0	6.8	15.9	54.5	22.7
宁河	10.3	12.4	23.7	45.4	8.2
静海	12.6	21.8	21.8	33.3	10.3
滨海新区	6.1	19.2	16.2	43.4	15.2
津南	2	10	12	28	48
宝坻	5.2	16	8.3	46.2	24.3
蓟州	6.6	22	14.2	34.9	22.3

表 3 – 16   各区农村厕所革命满意度   单位:%

区域	非常不了解	比较不了解	不确定	比较了解	非常了解
武清	3	6.9	10.9	47.5	31.7
西青	4.1	14.3	8.2	46.9	26.5
北辰	0	2.3	4.5	40.9	52.3
宁河	10.2	31.6	10.2	31.6	16.3
静海	18.5	26.1	8.7	41.3	5.4
滨海新区	7	23	15	40	15
津南	0	2	10.2	34.7	53.1
宝坻	3.4	2.2	4	58.6	31.8
蓟州	1.6	10.1	13.8	40.6	34

4. 农业污染的处理与处置

天津市各区农村地区居民对于农业污染源的处理与处置的途径及手段了解均不足。从横向对比各区的了解程度来看,除津南区外,其他各个涉农区对于畜禽养殖废弃物的无害化处理、地膜秸秆的回收利用及农药化肥的合理使用的了解均较少(见表3 – 17 至表3 – 19)。

表 3-17 各区畜禽养殖废弃物处理认知度　　　　单位:%

区域	非常不了解	比较不了解	不确定	比较了解	非常了解
武清	18	7	23	32	20
西青	9.5	14.3	31	38.1	7.1
北辰	6.8	9.1	22.7	43.2	18.2
宁河	13.3	15.3	34.7	31.6	5.1
静海	9.3	20.9	33.7	26.7	9.3
滨海新区	4.1	23.5	30.6	32.7	9.2
津南	2	8	8	38	44
宝坻	6.5	18.9	26.3	29.4	18.9
蓟州	7.1	25.6	25	31.7	10.6

表 3-18 各区地膜、秸秆合理处置认知度　　　　单位:%

区域	非常不了解	比较不了解	不确定	比较了解	非常了解
武清	5	4	13	40	38
西青	4	12	16	52	16
北辰	9.1	15.9	18.2	40.9	15.9
宁河	9.2	15.3	27.6	41.8	6.1
静海	7.2	19.3	31.3	33.7	8.4
滨海新区	6.1	22.4	23.5	35.7	12.2
津南	2	8	6	38	46
宝坻	4.6	19.9	19.9	35.2	20.5
蓟州	6.4	19.1	22.3	32.8	19.4

表 3-19 各区农药化肥合理使用认知度　　　　单位:%

区域	非常不了解	比较不了解	不确定	比较了解	非常了解
武清	7.1	8.1	17.2	37.4	30.3
西青	6	18	20	44	12

区域	非常不了解	比较不了解	不确定	比较了解	非常了解
北辰	4.5	13.6	13.6	47.7	20.5
宁河	11.2	23.5	26.5	35.7	3.1
静海	8.3	19	35.7	28.6	8.3
滨海新区	6.1	24.5	21.4	37.8	10.2
津南	4	6	6	42	42
宝坻	5.2	21.8	21.5	31.9	19.6
蓟州	5.1	15.8	19.3	37.7	22.2

通过对农村农业污染源开展不同程度的处理与处置后,全市各区农村居民对于农业污染源处理的满意度都较高。其中,武清区、西青区、津南区、宝坻区及蓟州区的农村居民对于畜禽养殖废弃物处理、地膜、秸秆的处理以及农药化肥合理使用的处理过程的满意程度超过70%,而宁河区、静海区及滨海新区的居民的满意度较低(见表3-20至表3-22)。

表3-20　各区畜禽养殖废弃物处理满意度　　　　单位:%

区域	非常不了解	比较不了解	不确定	比较了解	非常了解
武清	2.9	4.9	21.6	44.1	26.5
西青	0	4.9	24.4	56.1	14.6
北辰	0	0	27.9	25.6	46.5
宁河	10.2	19.4	32.7	22.4	15.3
静海	2.3	10.5	34.9	44.2	8.1
滨海新区	1	1	35.4	46.5	16.2
津南	0	2.1	14.6	29.2	54.2
宝坻	2.5	2.5	19.3	46.9	28.8
蓟州	1	14.6	18.7	42.9	22.9

表3-21　各区地膜、秸秆合理处置认知度　　　　　单位:%

区域	非常不满意	比较不满意	不确定	比较满意	非常满意
武清	2	0	9	50	39
西青	0	2	16.3	59.2	22.4
北辰	0	0	34.1	25	40.9
宁河	7.1	19.4	28.6	31.6	13.3
静海	2.3	7	29.1	51.2	10.5
滨海新区	1	1	26.3	51.5	20.2
津南	0	2	10.2	32.7	55.1
宝坻	1.5	2.7	15.5	50.3	30
蓟州	0.6	7	19	41.9	31.4

表3-22　各区农药化肥合理使用认知度　　　　　单位:%

区域	非常不满意	比较不满意	不确定	比较满意	非常满意
武清	0	0	10.9	53.5	35.6
西青	2	2	16	56	24
北辰	0	0	25	36.4	38.6
宁河	6.1	19.4	34.7	26.5	13.3
静海	3.5	3.5	39.5	43	10.5
滨海新区	2	1	27.3	49.5	20.2
津南	0	4.1	10.2	30.6	55.1
宝坻	2.1	2.7	17.4	47.6	30.2
蓟州	0.9	6.3	14.2	47.3	31.2

(三)村民参与度分析

本书还针对村民在乡村环境整治参与度层面进行了调查分析,从生活垃圾处理方式、村庄卫生大扫除的参与情况、垃圾处理是否付费以及付费的比例四个层面进行分析。

1. 生活垃圾处理方式

由分析结果可以看出,天津市不同区域的农村居民对于生活垃圾的处理方式选择上还较为落后,多数选择混在一起扔到垃圾箱,仍有少数人选择随意丢弃的方式处理垃圾,以上处理生活垃圾的方式实不利于垃圾分类的推行及开展(见表3-23)。

表 3-23　各区垃圾分类参与度　　　　单位:%

区域	混在一起扔到垃圾箱	分类堆放	随意丢弃	其他
武清	89.4	7.7	1	1.9
西青	87.8	12.2	0	0
北辰	75	25	0	0
宁河	10.8	20.3	3.1	2
静海	78.3	19.6	1.1	1.1
滨海新区	69	31	0	0
津南	14	86	0	0
宝坻	74.9	21.5	0	3.6
蓟州	68.6	29.5	0.6	1.2

2. 村庄卫生大扫除的参与情况

在询问村民是否参加过村庄卫生大扫除的问题上,这一结论呈现显著的两极分化现象。其中,从没参加过卫生大扫除和参加3次以上卫生大扫除的概率之和超过75%,从没参加过卫生大扫除的居民占到50%左右。因此,加强这部分居民的环境整治及卫生清理参与度成为各个区域应着力解决的问题。可通过精神鼓励及物质奖励等不同方式鼓励村民积极参与,也可发挥先进人员带动作用来营造全民清整环境的积极氛围(见表3-24)。

表 3-24　各区村庄卫生大扫除参与度　　　　　单位:%

区域	从没参加	1 次	2 次	3 次及以上
武清	57.3	5.8	10.7	26.2
西青	71.4	2	6	20.4
北辰	45.5	2.3	9.1	43.2
宁河	69.1	6.2	10.3	14.4
静海	75	2.2	4.3	18.5
滨海新区	49	5.1	5.1	40.8
津南	32	0	10	58
宝坻	51.4	5.7	5.4	37.5
蓟州	41.1	8.8	13.8	36.4

3. 是否付费处理垃圾及付费比例

对于居民是否愿意付费处理垃圾问题,不同区域的居民的回答有所不同。其中,武清区、北辰区及静海区中超过一半的居民愿意对垃圾处理付费,而其他区域的居民支付意愿并不十分显著,这与农村居民的环保意识不足和污染者付费的意识不足有很大关系。从居民愿意支付的费用比例来看,超过 80% 的天津农村地区居民的支付意愿不超过 10 元(见表3-25 和表3-26)。

表 3-25　各区垃圾处理付费参与度　　　　　单位:%

区域	是	否	随大流
武清	57.3	41.7	1
西青	40	18	42
北辰	56.8	11.2	31.8
宁河	31.6	34.7	35.7
静海	55.9	24.7	19.4
滨海新区	35.4	44.4	20.2
津南	46	30	24

区域	是	否	随大流
宝坻	28.7	35.6	35.6
蓟州	46.4	24.6	29

表 3-26　各区垃圾处理付费意愿　　　　　单位:%

区域	5 元以下	5-10 元	10-15 元	15-20 元	20 元以上
武清	57.4	34.4	1.6	4.9	1.6
西青	57.1	23.8	14.3	4.8	0
北辰	46.2	46.2	7.7	0	0
宁河	43.8	37.5	3.1	12.5	3.1
静海	46.9	38.8	8.2	2	4.1
滨海新区	37.1	45.7	8.6	2.9	5.7
津南	39.1	26.1	4.3	8.7	21.7
宝坻	51.3	31.9	5	7.6	4.2
蓟州	44.9	34.8	7	4.4	8.9

第四节　农村人居环境调查小结

(一)农村人居环境整治工作还需继续推进

问卷调查显示,样本村的 24 小时集中供水、供气设施和垃圾集中处理只能覆盖部分住户。农村改厕和污水处理的任务更重,部分村只有公共旱厕没有户厕。在生活设施方面,农村的水、电、气、路、教育、文化和网络依然存在供给不足的问题。"煤改燃"存在不暖和、后期费用高的问题。

(二)农村人居环境整治知晓度一般

村民主体对于有关政策措施的了解缺乏主动性。问卷调查显示,村民了解农村人居环境治理信息的主要途径是被动的"村委会宣传",而其他信息渠道,特别是主动性信息渠道的作用十分微弱。同时调查显示,知道"农村人居环境整治"的农民占全部受访农民的比重达到60%以上,村民基本了解农村人居环境整治措施。部分涉及农业生产的措施农民知晓度较低,其原因在于所在村已不进行畜禽养殖等生产活动,村民自然不关心这方面的问题。村民对于垃圾分类相关认知存在一定局限性,对可回收垃圾认知度较高,42%的村民认为厨余垃圾不应单独分类。

（三）村民认可农村人居环境整治初步成效

对于各项农村人居环境整治措施的满意度,选择"比较满意"和"非常满意"的达到70%以上,农村人居环境整治措施基本得到广大农村居民的认可。"厕所革命"得到绝大多数村民的支持。"煤改燃"问题得到大部分被调查者的支持,小部分村民担心后续费用问题。村民还重点关心以下问题:拓宽道路,保障24小时用水,及时清运村里垃圾,增加绿化,增加污水管道、污水处理措施,硬化道路,增加文体设施,清洁卫生等。

（四）村民参与意愿不强

大部分村的环境卫生处于村委会负责或第三方外包状态,村民自身参与感不强。垃圾和污水付费问题,大部分村民持观望态度。农村空心化使得留在村里的多是老人和孩子。老人们受年龄、体力的影响,没有能力参与一些需要"出工"的整治工作。问卷显示,52%的人表示从未参加过村里的卫生大扫除。另外,老年人认为自己年龄大了,抱有朴素的想法,"能干点就干点,不能干也不给村里提意见找麻烦",因此关于村环境该如何整治想得不多。此外,在农村垃圾处理领域,有相当比例的村民在卫生处理方面的参与意识不高,对保洁员比较依赖,缺乏深度参与的积极性。

（五）村民主体对自身环境需求的反馈力度较弱

调研中发现,多数受访村民对于自己现处的生活环境虽知不足,但更多还是安于乡村固有条件,对于生活环境改善缺乏主动设想,不能提出比较明确的建议要求,对于将各种环境改善项目按照紧要/重要程度排序问题存在一定识别障碍,往往需要访问者多方启发引导才能作答。这种情况会给村庄规划需求征集等决策性工作带来一定困扰,影响相关建设项目因地制宜合理化安排的实际效果。

（六）农村人居环境整治村民付费意愿不高

天津农村人居环境整治三年行动方案中提出要探索建立污水垃圾农户缴费制度,基于此在问卷中设计了相应问题,结果显示,31%的人明确表示不愿意为垃圾或污水治理付费;27.9%的人表示"随大流",如果别人交我也交,别人不交我也不交,主动付费意愿不强;41.1%的人明确表示愿意付费。很多不愿意付费的村民表示主要是自己的收入太少了,拿不出钱来;而明确表示愿意付费的人当中,多数人在付费水平上选择了问卷给出的最低档。

第四章
农村人居环境治理政策效果分析
——以清洁取暖补贴政策为例

第三章对天津农村人居环境调研的整体情况进行统计与分析,本章聚焦于清洁取暖补贴政策这一具体问题,利用上一章的调研数据,同时结合多省市实行的北方清洁取暖补贴政策,对农村人居环境治理的政策效果进行分析。

第一节　北方清洁取暖补贴政策及成效

一、北方清洁取暖补贴政策

清洁取暖改造工作是大气环境治理中重要的一环,2016 年习近平总书记做出关于"推进北方地区冬季清洁取暖"重要讲话,2017 年政府工作报告提出"坚决打好蓝天保卫战",同年 5 月财政部、住房和城乡建设部、原环境保护部和国家能源局四部委联合颁布《关于开展中央财政支持北方地区冬季清洁取暖试点工作的通知》,北方地区冬季清洁取暖获得中央财政支持试点工作自此开启。此后在 2018、2019、2021 和 2022 年又四次颁布通知,共五批次总计 88 个城市入围冬季清洁取暖试点,资金用于支持清洁取暖改造,包括"热源侧"和"用户侧",支持改造内容包括"双替代",以及多种方式清洁取暖改造,其中重点在散煤治理(支国瑞等,2015)。

1.政策补贴范围及方式

2017 年,天津、石家庄、唐山、保定、廊坊、衡水、太原、济南、郑州、开封、鹤壁、新乡 12 个城市通过竞争性评审,获得第一批冬季清洁取暖试点补贴。2018 年四部委又联合发布《关于扩大中央财政支持北方地区冬季清洁取暖城市试点的通知》,进一步扩大试点范围,新增 23 个试点城市。第二批北方地区冬季清洁取暖试点城市包括安阳、邢台、聊城、淄博、济宁、邯郸、长治、德州、沧州、晋城、焦作、菏泽、滨州、阳泉、濮阳共 15 个京津冀大气污染传输通道城市("2+26"城市),西安、临汾、运城、晋中、吕梁、洛阳、咸阳 7 个汾渭平原城市以及张家口共 23 个新增试点。此外,雄安新区也将纳入财政支持范围,但不占用当次试点城市名额。2019 年根据新颁布的文件,2019 年北方地区冬季清洁取暖试点又新增 8 个城市,分别为定州、辛集、三门峡、济源、铜川、渭南、宝鸡、杨凌示范区。2021 年,发布第四批《2021 年北方地区冬季清洁取暖项目竞争性评审结果公示》,确定 20 个城市进入第四批名单,包括重点区域和其他区域。其中重点区域包括北京市,山东 3 个,山西 3 个,河北 2个,陕西 2 个,以及河南 1 个;其他区域包括辽宁、黑龙江、内蒙古、青海、新疆、吉林、甘肃、宁夏等省、自治区各入围一市。2022 年 4 月新公布的北方冬季清洁取暖拟支持名单包含 25 个项目城市,至此共 88 个城市获得或将获得中央财政支持。

中央财政对于试点城市暂定连续给予三年定额补助。资金投入主要包括中央财政资金、地方财政资金和社会资金,秉承"企业为主、政府推动、居民可承受"的理念。每年奖补标准为直辖市(如北京和天津)10 亿元,省会城市(如石家庄、太原等)7 亿元,地级城市(如淄博、洛阳等)5 亿元,汾渭平原城市(如晋中、三门峡等)3 亿元(宋玲玲等,2019),县级市、区(如定州、辛集等)1 亿元,连续支持三年。中央奖补资金采取"先预拨、后清算"的下拨方式,根据 2017—2022 年各年公布的年度大气污染防治资金预算,奖补资金每年按 80% 预拨,待三年通过绩效考核后再将总金额剩下的 20% 拨付到位。2017—2019 年中央财政累计投入资金约 351.2 亿元,仅 2019 年就拨付 152亿元用于清洁取暖,2021 年中央财政拨付 73.4 亿元,且提前下达 2022 年大气污染防治资金共 207 亿元(其中用于清洁取暖部分未对外界公布)。

由于清洁取暖改造过程中农村散户面临的实际困难和地方财政运行有较大补贴压力,2020 年中央财政在安排大气污染防治资金时,对农村清洁取暖运行拨付 20 亿元专款专用,且明令各地财政结合本地区清洁取暖实际运行、农村居民实际收入水平、财政承受能力和可持续发展等情况,综合筹划中央和地方大气污染防治资金,精准施策,全面用于农村清洁取暖运营补贴,特别是农村特困人群,确保政策实施效果。

2. 各地清洁取暖运行补贴政策

为了更好地利用中央补贴政策加快推进清洁取暖改造工程,同时达到理想的大气污染治理效果,各省市结合自身实际情况制定了各项政策,包括设备购置安装、户内线路改造补贴,采暖期用气/电运行补贴和阶梯气/电价等。通过各省市政策文件的总结和梳理,本章以前四批次共 63 个试点城市为例对各项政策进行了总结(见表 4-1 和表 4-2)。由于各时期部分省份内各市县补贴标准不一,且第四批次只有辽宁阜新公开了具体政策,为方便理解只取补贴政策的最大值。

整体补贴方式为中央财政提供部分资金,地方财政配套一部分资金支持。各地由省(自治区、直辖市)、市(地、州、盟)、县(区、市、旗)三级按一定比例分担,户外管网安装费用通常由企业承担。资金不仅用于发放农村清洁取暖补贴,还需供集中取暖的小锅炉整治和外墙保温等各项工程。大部分地区制定了具体的"煤改气""煤改电"运行补贴政策,其中第四批名单中北京实际上在 2013 年就已经开展清洁取暖工作,辽宁公开了"煤改电"政策,而其他省市未查询到相关文件。其中,"煤改气"设备初装补贴 600—15000 元不等,单位气量补贴 0.38—1.41 元/立方米,总气价补贴 900—2865 元;"煤改电"设备补贴 600—25000 元不等,单位电量补贴 0.1—0.3 元/千瓦时,总电价补贴 450—2400 元(参见表 4-2)。运行补贴有多种方式,第一种为后补贴形式,如陕西渭南采暖季结束后持有效发票申报运行费补助;第二种为补贴运行企业,如河南三门峡采取用户在供暖期前申请,申请成功后在整个供暖期执行优惠价格;第三种为创新贴形式,如河南安阳采取发放消费券的形式,针对贫困户人口数的不同和普通户分别发放 500—1500 度不等的

"电采暖消费券"。

整体而言,北京、天津、山东、山西单价补贴力度较高,河南、陕西补贴力度较低,另有较多城市未查询到运行补贴政策,这与各地财政收入情况和冬季温度有关。大部分第三批试点城市以及第四批重点区域的清洁取暖工作已在2017或2018年与省内先行试点城市一同开展,因此延续了省内其他城市的政策,但第四批其他区域除辽宁阜新和内蒙古包头已经公布清洁取暖方案外,其他城市并无具体补贴政策。

在峰谷电价和阶梯气/电价方面,大部分试点城市根据《关于北方地区清洁供暖价格政策的意见》的要求,针对清洁取暖制定了价格优惠政策。"煤改气"方面,各城市的价格优惠政策有所差异,部分城市采暖季不执行阶梯气价,采暖用气价格执行阶梯气价第一档标准;有些地方仍采取阶梯气价,但提高第一档用气量。"煤改电"方面,电价政策通常由省级层面制定。各省均制定了采暖电价和峰谷电价,供用户自由选择,谷电时长均为20时至次日8时共12个小时。山西忻州采取峰谷时段、用电量计价、平段电价三种方式自由选择(邸英明等,2021)。

表4-1 中央财政支持北方地区冬季清洁取暖试点城市汇总 单位:亿元

省份	第一批次 (12个)	第二批次 (23个)	第三批次 (8个)	第四批次 (20个)	国家奖补 标准/年
北京				北京	10.00
天津	天津				10.00

续表

省份	第一批次 （12个）	第二批次 （23个）	第三批次 （8个）	第四批次 （20个）	国家奖补 标准/年
河北	石家庄				7.00
	唐山				5.00
	保定				5.00
	廊坊				5.00
	衡水				5.00
		邯郸			5.00
		邢台			5.00
		张家口			5.00
		沧州			5.00
			定州		1.00
			辛集		1.00
				承德	5.00
				秦皇岛	5.00
山西	太原				7.00
		阳泉			5.00
		长治			5.00
		晋城			5.00
		晋中			3.00
		运城			3.00
		临汾			3.00
		吕梁			3.00
				忻州	5.00
				大同	5.00
				朔州	5.00

省份	第一批次（12个）	第二批次（23个）	第三批次（8个）	第四批次（20个）	国家奖补标准/年
山东	济南				7.00
		淄博			5.00
		济宁			5.00
		滨州			5.00
		德州			5.00
		聊城			5.00
		菏泽			5.00
				烟台	5.00
				泰安	5.00
				潍坊	5.00
河南		郑州			7.00
		开封			5.00
		鹤壁			5.00
		新乡			5.00
		洛阳			3.00
		安阳			5.00
		焦作			5.00
		濮阳			5.00
			三门峡		3.00
			济源		1.00
				许昌	5.00

续表

省份	第一批次 （12个）	第二批次 （23个）	第三批次 （8个）	第四批次 （20个）	国家奖补 标准/年
陕西		西安			3.00
		咸阳			3.00
			铜川		3.00
			渭南		3.00
			宝鸡		3.00
			杨凌示范区		1.00
				榆林	5.00
				延安	5.00
辽宁				阜新	5.00
黑龙江				佳木斯	5.00
内蒙古				包头	5.00
青海				海西州	5.00
新疆				乌鲁木齐	7.00
吉林				辽源	5.00
甘肃				兰州	7.00
宁夏				吴忠	5.00

二、清洁取暖取得的成效及问题

（一）取得的成效

自2017年以来北方地区冬季清洁取暖试点工作取得积极进展（武娟妮等，2021）。第一，清洁取暖率大幅度提高。截至2020年底，北方地区清洁取暖率达到65%，农村地区清洁取暖率达31%，分别比政策实施前提高31%和21.6%（赵梦雪等，2020），京津冀及周边地区、汾渭平原清洁取暖率达80%以上（罗宏等，2020）。第二，清洁取暖改造面积大幅增加。到2021年4月，共39.10亿平方米、3526万户获得清洁取暖改造。其中，城区改造

9.58亿平方米、869万户,城乡接合部、所辖县及农村地区改造29.51亿平方米、2657万户(《中国散煤综合治理研究报告2021》)。第三,散煤替代工作稳步推进。截至2019年底,北方农村地区共改造散煤燃烧约2300万户(《新时代的中国能源发展》)。

表4－2 各地冬季清洁取暖补贴政策汇总

地区	煤改气政策		煤改电政策	
	初装补贴	用气政策	初装补贴	用电政策
天津	户内设施补贴6200元/户。户外设施补贴2800元/户,供气企业承担剩余部分	采暖期取消阶梯气价,补贴1.2元/立方米、不超过1000立方米/户	蓄能式、直热式电暖器4400元/户,空气源热泵25000元/户	采暖期用电每日20点至次日8点执行谷电,补贴0.2元/千瓦时、8000千瓦时/户,即1600元/户
河北	省级按设备的70%、最高1350元补贴,最高为邯郸市7400元/户	采暖用气给予0.8元/立方米、1200立方米/户补贴,即960元/户	省级补贴最高3700元/户。市级最高为辛集市最高10000元/户	采暖期用电给予0.2元/千瓦时、10000千瓦时/户补贴,即2000元/户
山西	市、县两级政府按8000元/户直补燃气公司	采暖期取消阶梯气价,给予2400元/户补贴。太原市为最高1.41元/立方米,每年最高补贴2865元/户	设备补贴最高2.4万元,不足部分由用户承担。外部电网由市、县、电网公司三方筹资改造	采暖期用电给予0.2元/度、10000千瓦时/户补贴,即2400元/户

续表

地区	煤改气政策		煤改电政策	
	初装补贴	用气政策	初装补贴	用电政策
山东	设备补贴 6000元/户,管网补贴3000 元/户	采暖用气补贴 1元/立方米,1200元/户	蓄热式电采暖按造价的 85% 补贴,不超过 5700元/户;空气源热泵不超过 6500元/户	采暖期用电给予0.2 元/千瓦时最高 6000 千瓦时/户补贴,即 1200元/户
河南	最高 4500 元/户	采暖用气补贴 1元/立方米,900元/户	最高 4500 元/户	采暖期用电给予0.3 元/千瓦时、900 元/户补贴。采暖期每日 20时—次日 8 时执行谷电,用户自行选择峰谷电价或自由电价
陕西	最高补贴 6000元/户	采暖用气补贴 1元/立方米,1000元/户	设备补贴按中标价的80%	采暖期执行阶梯第一档电价,给予0.25 元/千瓦时、1000 元/户补贴
北京	最高 15000 元/户	市财政补贴 0.38元/立方米,820 立方米/户,最高311.6元,区财政最高补贴2100 元/户	市财政补贴最高1.2 万元/户;热泵补贴24000 元/户	谷时按 0.3 元/千瓦时收费,同时市、区再各补贴0.1 元/度,最高10000 千瓦时/户
辽宁	—	—	—	用电低谷时段为10 小时,0.279 元/千瓦时

注:因省内各市政策稍有差异,补贴取最高值。"—"为未查询到相关政策

（二）存在问题

1.清洁取暖成本较高,用户接受度不一

不同收入水平的居民可接受取暖成本也各不相等,当前在运行补贴还存在的前提下已有返煤现象频发。某地在推进清洁取暖改造过程中"一刀切",禁止烧柴、封炕封灶,导致部分群众挨冷受冻,终止补贴更可能导致大规模返煤现象发生(常烃,2022)。

2.技术选择缺乏论证

清洁取暖的技术选择存在一哄而上、别人怎么干就怎么干、怎么方便怎么干等现象(杨旭东等,2021)。政策运行初期,一些地区在缺乏实际论证的情况下推行"煤改气",后期天然气"气荒"问题暴露出"双替代"工作技术选择缺少论证与天然气管网基础设施的前期建设缺乏等问题(张弓等,2021)。另外,忽视用户侧节能改造也使清洁取暖效果大打折扣,墙体单薄提高了供暖系统的热负荷,增加取暖能耗,从而增加了运行费用(袁闪闪等,2021)。

3.地方财政持续支出压力较大

中央财政补贴仅减轻了省一级的财政压力,而市、县两级的补贴支出压力依然存在。各地居民收入不尽相同,以试点城市而不是用户数量发放清洁取暖补贴并不合理。截至2021年底,第三、四批城市仍在三年补贴的政策执行期中。而在第一、二批清洁取暖试点城市中,天津、石家庄、济南、晋中、运城、临汾、淄博、济宁、德州、安阳、濮阳等城市已公布清洁补贴政策再执行三年,唐山、廊坊、衡水、郑州、鹤壁、新乡、菏泽等城市采取不同形式的退坡政策逐步退出清洁取暖补贴,剩下的17个城市没有明确今后的清洁补贴政策。

第二节　天津清洁取暖政策与现状调查

一、天津清洁取暖政策

1.总体补贴政策

天津入围第一批试点城市,制定了相应补贴政策(见表4-3)。2017年至2019年,天津共可获得30亿元中央奖补资金,但这是在通过国家"绩效考核"后的数据,前期每年可获得8亿元、三年共计24亿元,剩下6亿元在考核通过后拨付,其中,共95.5万用户需接受清洁能源取暖改造。天津市的资金分配原则为统筹兼顾、奖补结合、结合实际、突出重点。中央奖补资金以改造散煤取暖方式为主,也需根据实际情况进行建筑节能改造。天津市采取奖补结合的方式,以各区承担的改造户数为基准分配资金,同时鼓励地方财政和社会资金加大投入。在安排散煤取暖清洁能源替代和建筑节能改造项目建设资金时,向清洁取暖改造任务较重、资金投入大、财力相对薄弱的区倾斜。为确保各区高效、高标准完成改造任务,如期完成清洁取暖改造的区将获得资金奖励。

表4-3　天津清洁取暖重要政策汇总

政策名称	发布时间	简要内容
《天津市冬季清洁取暖试点城市中央财政奖补资金分配方案》	2017年11月13日	2017—2019年,天津每年可获得10亿元、三年共计30亿元的中央奖补资金(前期拨付80%,考核通过后拨付剩余资金)
《天津市居民冬季清洁取暖工作方案》	2017年11月21日	明确改造和补贴方案

政策名称	发布时间	简要内容
《关于延长执行我市居民冬季清洁取暖有关运行政策的通知》	2019 年 11 月 22 日	延长"双替代"运行补贴政策,暂定执行时间为 2020 年 11 月至 2023 年 3 月
《关于天津市 2020 年至 2023 年居民冬季清洁取暖有关运行政策的通知》	2020 年 2 月 28 日	采暖期取消阶梯电价,按 0.3 元/千瓦时收费,时间为每日 20 时至次日 8 时。补贴为 0.2 元/千瓦时、最高 8000 千瓦时/户,由市、区财政按 4∶6 比例负担(滨海新区自行负担)

2. 运行补贴政策

为减轻居民取暖负担,"煤改气"和"煤改电"的居民用户分别最高补贴 1200 元和 1600 元。自开展"双替代"工作以来,清洁取暖应改尽改,清洁取暖率达 98.9%,为冬季空气质量持续改善做出了突出贡献。但清洁取暖成本仍高于传统烧煤取暖,短期内政府补贴政策还不能退坡,以防止散煤复烧。天津是所有试点城市中第一个继续实行冬季清洁取暖补贴政策的城市,2020 年发布《关于延长执行我市居民冬季清洁取暖有关运行政策的通知》,自 2020 年 11 月起至 2023 年 3 月止延长"煤改电"和"煤改气"的运行补贴政策,暂定三年。地方为了支持清洁取暖政策,发行特别国债和新增地方政府一般债券资金 3.06 亿元,用于项目建设和运行补贴。

天津市在用户补贴方面,针对煤改气给予 1.2 元/立方米、不超过 1000 立方米/户的补贴;采暖期取消阶梯电价,执行 0.3 元/千瓦时的低谷电价,且时间延长为每日 20 时至次日 8 时(此前规定的谷电时长为每日 21 时至次日 6 时),同时给予 0.2 元/千瓦时、不超过 8000 千瓦时/户的补贴。

二、天津农村农户对清洁取暖的使用率与态度调查

利用第三章调研数据分析天津农村农户对清洁取暖的使用率和使用态

度(常烃等,2021)。共有 3 道题涉及清洁取暖。第一题为多选题,询问农户取暖主要使用的能源形式,选项为电、天然气/煤气、太阳能/沼气、煤、柴和其他共 6 项。该问题获得 1152 份有效问卷,其中选择"电"的有 273 人,有效百分比为23.7%;选择"天然气/煤气"的有 546 人,有效百分比为47.4%;选择"太阳能/沼气"的有 14 人,有效百分比为 1.2%;选择"煤"的有 408 人,有效百分比为 35.4%;选择"柴"的有 76 人,有效百分比为 6.6%;选择"其他"的有 14 人,有效百分比为 1.2%(见图 4-1)。在实际调查中了解到,有部分村在"双替代"启动的初期,清洁取暖设备安装到位但未通气,农户依然使用烧煤取暖。一部分农户由于各种原因选择同时使用清洁能源和传统燃煤,例如取暖温度达不到预期、老人生活习惯问题和费用问题等。滨海新区选择"电"的比例最高,为 95.9%;津南区选择"天然气/煤气"的比例最高,为 93.5%。

第二题为单选题,试图了解农户对清洁取暖的态度,设置三个选项:好、不好、有好也有不好。共获取 1142 份有效问卷,其中选择"好"的有 777 人,有效百分比为68.0%;选择"不好"的有 98 人,有效百分比为 8.6%;选择"有好也有不好"的有 267 人,有效百分比为 23.4%(见图 4-2)。大多数农户认同清洁取暖,大约四分之一的农户持中立态度。

第三题为多选题,试图了解农户赞同或反对清洁取暖政策的原因。在获取的 1155 份有效问卷中,选择"方便,不用起夜添煤"的有 615 人,有效百分比为53.2%;选择"干净卫生,家里没有煤灰"的有 873 人,有效百分比为75.6%;选择"环保,空气质量更好"的有 403 人,有效百分比为 34.9%;选择"习惯用煤"的有 35 人,有效百分比为 3.0%;选择"烧煤更暖和"的有 64 人,有效百分比为 5.5%;选择"烧煤更省钱"的有 140 人,有效百分比为 12.1%;选择"担心今后取暖补贴停发"的有 159 人,有效百分比为 13.8%;选择"其他"的有 111 人,有效百分比为 9.7%(见图 4-3)。赞同清洁取暖政策的理由大多是由于清洁取暖更方便和干净,而不认同或中立态度的理由大部分是出于经济原因,例如烧煤更省钱和担心取暖补贴退坡后的取暖费用问题。

总体上看,天津农村清洁取暖以"煤改气""煤改电"为主,辅以清洁煤。现实情况中存在设备安装完毕即算清洁取暖改成完成,部分农户反映尚未通气而仍然烧煤取暖。大部分农户对清洁取暖政策满意,但也有农户认为温度达不到预期。在调查过程中很多农户表现出对后期补贴取消的担忧,担心无法负担取暖费用。

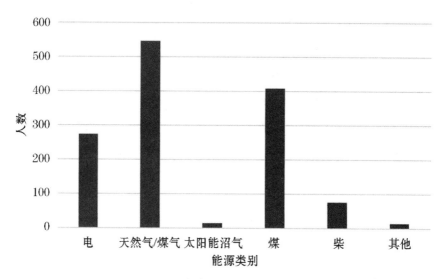

图 4-1 农户取暖主要使用的能源

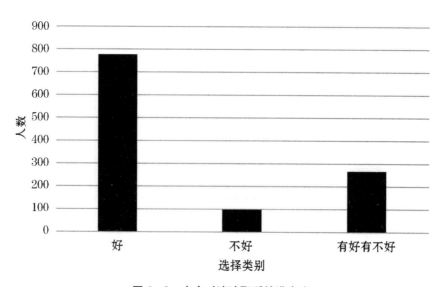

图 4-2 农户对清洁取暖的满意度

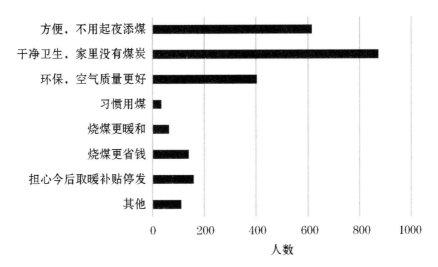

图4-3　农户赞同或反对清洁取暖政策的原因

第三节　下一步巩固清洁取暖成效的对策建议

（一）统筹兼顾,加强环境与气候协同治理

加强顶层设计,宏观视角上统筹环境、气候和经济等多维目标,处理好长期和短期的关系、整体与局部的关系、发展与保护的关系。数据显示,农村采暖能耗占据农村居民能耗总量的47%,碳排放占农村碳排放总量的45%,农村采暖无论在能耗占比还是碳排放占比上都是占比最大的一项。因此在推动"双碳"目标实现过程中,北方清洁取暖特别是农村燃煤取暖面临向低碳化转变的新机遇。在顶层设计上需要环境与气候协同治理的制度设计,在具体政策措施上需在兼顾经济性前提下统等环境和气候目标,并将其融入城乡建设和新能源系统的构建。将清洁取暖与大气污染攻坚、乡村振兴战略、共同富裕等国家战略结合起来统筹推进,促进农民生活方式的转变,提升农户生活幸福指数(常烃等,2022)。

（二）因地制宜，分区域制定政策

遵循"宜电则电、宜气则气、宜煤则煤、宜热则热"的原则（周卫青等，2021），杜绝"一刀切"，分区域提出清洁取暖率目标。出台农房建设管理办法，加快推进分布取暖建筑能效的提升，科学选定清洁取暖技术路线。清洁取暖技术的选择应兼顾"减污降碳"效果和经济性，长期来看将清洁可再生能源电力供热作为主要的热源，短期可优先选择工业余热、热电联产、地热等方式用于城镇集中供暖区。空气源热泵功耗较低，可在有基础、有条件的城中村（城郊村）优先推广，直热式电暖器和蓄热式电暖器应慎重推广，巩固和稳步推进煤改气。"太阳能＋热泵""太阳能＋生物质炉具"和地热取暖等技术已较成熟，应就地取材实现多能互补，可在生物质、太阳能资源丰富和地热资源丰富，且有较好基础的地区应积极推进。在地处偏远和经济欠发达的偏远农村不宜急功冒进，可先行普及洁净煤或生物质配套清洁炉具。

（三）优化补贴政策

进一步调整优化清洁取暖补贴政策，将以试点城市行政级别作为补贴标准调整为以改造任务量为补贴标准；在中央清洁取暖补贴资金预算下达时，将各地区运行补贴金额和补贴标准等明确下来，在地方开展补贴效果评估，并据此完善地方运行补贴标准，确定退坡速度和退出时间。建议地方政府加快引入社会资金，加大投入比例，促进中央补贴资金带动更多地方和社会资本投入，在下阶段清洁取暖试点城市竞争性评审和清洁取暖项目城市绩效评价中，将此项数据作为一项评价指标。

（四）多效并举创新清洁取暖模式

从技术、融资和运行模式等多角度创新清洁取暖模式，通过创新提高清洁取暖效率，降低成本，实现清洁采暖成本的合理分摊，并最终走向市场化和商业化。鼓励清洁取暖技术创新。解决各种取暖技术存在的核心技术问题，以及各种技术之间的耦合问题，实现技术的稳定可靠和高效。进行金融创新，提供多元化绿色金融产品，拓宽融资渠道，降低融资成本，从而降低清取暖成本。鼓励商业模式创新，充分调动地方政府、企业和取暖用户的积极性，降低取暖成本，减轻中央和地方的财政压力，实现清洁取暖成本的合理分摊。利用智慧监管平台提早布局售后运维体系，破解清洁取暖设备点多面散、无监管的难题。

第五章
农村人居环境治理驱动因素分析
——基于扎根理论的探索性研究

本章使用第三章的深度访谈资料,应用扎根理论研究驱动农村环境治理的深层次因素。结果发现,影响农村环境治理的驱动因素体现在村民环境需求、基层政府预期收益、利益相关者环境利益和资源控制权四个方面。其中村民环境需求和基层政府预期收益分别是农村环境治理的外在和内在驱动因素,而利益相关者环境利益和资源控制权分别是外在和内在情境条件,四个因素通过协同作用机制对农村环境治理产生影响。

第一节　研究方法与数据收集

一、扎根理论简介

本章使用了一种科学性较强的质性研究方法——扎根理论。这是一种由哥伦比亚大学社会学家格拉斯(Glaster)和斯特劳斯(Strauss)于1967年首创(乐波,2014)并广泛应用于社会科学领域尤其是20世纪60年代以后的社会学理论。扎根理论通常被称为"理论",但实际上包含了"方法论"方面的定义。扎根理论要求从经验事实出发,通过反思、发现、抽象等系统步骤构建概念、假设等分析工具。该研究方法首先针对某研究问题收集原始资料,并将整理好的原始资料进行开放式编码,编码过程中同时对资料进行归纳、提炼出可用的概念和范畴,并逐步形成适合分析对象特征与内涵的理论(Glaser 等,1967)。扎根理论是一种自下而上并且动态修正完善的过程,关键是收集资料和分析资料同时进行,在原始资料和理论之间不断比较、总结和修正,直到形成最终理论,该理论能够体现某研究问题或某现象的本质和内涵。

在乡村振兴背景下,对农村环境治理驱动因素的研究选取扎根理论为研究方法,主要出于以下考虑:一是现阶段对农村环境治理驱动因素研究还没有完备的测量量表、评价体系和研究结论,需要探索性研究;二是我国农村环境治理问题具有特殊性和时代性,不能完全照搬国内外前期研究的理论、模型和方法;三是扎根理论本身强调了理论源于原始资料的收集和分析,并不依靠某个程序或公式,而是根据原始资料不断总结、归纳和修正,自然涌现出概念并上升为理论,研究前期不用做假设而是扎根于收集的原始资料,有利于对农村环境治理驱动因素研究提出原创性理论模型。因此,本章采用扎根理论展开研究,核心步骤为对原始资料进行开放式编码、轴心编码以及选择编码,最后进行饱和度检验来确定农村环境治理驱动因素理论模型,并阐释研究结论。

二、数据收集

本研究数据收集以第三章调研数据为基础,采用半结构式访谈与座谈提纲进行深度访谈,为保证被访问者能准确理解研究主题涉及的问题,在访谈过程中至少保持 4 名调研组成员在场。深度访谈从 2019 年 3 月到 7 月,调研组成员先后与天津市农委、8 个区农委以及部分镇农办和村委会等组织进行了 19 次深度访谈。每场访谈基本在 30 分钟到 60 分钟,征得被访问者同意的前提下对访问过程进行录音,全部录音文件转录为文字版本以便储存分析,共计 12 万字,并在整理原始资料过程中发现疑问及时与被访者进行沟通对资料进行修正和补充。

第二节　范畴提炼与模型建立

一、开放式编码

开放式编码是将深度访谈获取的原始资料进行分析、比较和归纳,进而获得初始概念和范畴。进行开放式编码时,利用软件 Nvivo 11 对访谈资料进行挖掘,一共获取 300 多条有用的原始语句。由于部分初始概念内容逻辑层次低、交叉和重复,需要进一步提炼,最后得到 14 个概念范畴,并将其用"A+数字"进行编码,从而建立了本研究开放式编码的范畴框架(见表5－1)。此外,对应每一条范畴选取 2 条原始信息(用"a+数字"表示)进行说明。

表5－1　开放式编码范畴与初始概念

原始资料语句(初始概念)	范畴
a1 村里生态环境不好,村民觉得邻村或城市好,会想办法离开	A1 村民生态环境意识
a2 村里路面不平、垃圾没人管,如果有亲戚来串门,村民感觉没面子	
a3 生活垃圾没地方扔、没及时处理,老百姓会挑你问题呢	A2 村民生活质量的要求
a4 老百姓觉得自来水冲厕干净方便,邻村或亲戚家都改造了,开大会时会给你提意见	
a5 如果村里环境治理不好,干部选举时村民不给你投票	A3 村民监督、反馈机制
a6 迟迟不解决村里脏乱差,村民会向镇里、区里反映	
a7 我们现在也实行绩效考核了,生态环境达标也是其中一项	A4 基层政府经济利益
a8 如果村里的环境搞好了,文件上说我们会有奖励的	

原始资料语句(初始概念)	范畴
a9 村里环境搞不好,那是要出问题的,规定要对我们实行生态责任审计	A5 基层政府政治利益
a10 如果出现了重大的生态环境问题,现在要终生追责了,所以一定要按照规定搞好生态环境	
a11 在 2012 年时我们被评为全国文明法律示范村,财务公开管理、集体管理示范村,所以在环境治理方面也不会落后	A6 基层政府声誉
a12 经常有记者、学者到我们这采访、调研生态环境问题,搞不好就会上报纸受批评	
a13 不乱搭建、不乱排放,这也是我们村规民约中的一条	A7 村民绿色行为
a14 我们每周都会通过广播站向村民宣传爱护环境,从我做起	
a15 不把环境搞好,有些投资人来了觉得发展前景不大,不会给你投资	A8 乡镇企业环境要求
a16 我们会对一些想来我们这设厂的公司进行评估,其中一项就是不能破坏生态环境,如果我们不专业,我们就请第三方公司评估	
a17 把原有单纯的水产养殖业,现在升级为渔光一体,上面是太阳能板、绿色发电,下面改成生态绿色养殖,为了保护环境由粗放养殖做了这么一个升级养殖	A9 农业绿色发展
a18 有个公司订购我们的农产品,但要求必须是绿色种植、纯绿色的,收购价比市场价还高,但是不准你打药,不准你往地里弄有害的东西,实时监控你撒农家肥,想想这也是对土地的保护	
a19 开始旅游村打造的同时,也对污水管网进行改造,现在整条街都有污水管道,也更好服务于旅游村的建设	A10 旅游业绿色发展
a20 环境搞好了,有山有水有树,游客才会多呀,这个道理很简单	

原始资料语句(初始概念)	范畴
a21 我们村还有地,只要把环境整好了,我想重新规划一下搞点产业	A11 土地使用权
a22 我们这发展有限制,其中一个原因就是我们村有部分被划到生态红线了	
a23 在资金上出现了问题,为城镇化,要搞好两个平衡,一个是土地平衡,一个是人居平衡,没有钱,解决不了问题	A12 资金
a24 在我们治理环境缺钱时,上级政府会牵头,有银行给我们贷款	
a25 最近两年我们村的农家乐越来越多,我和他们说干农家乐可以,要遵守规范标准,其中一条就是不能破坏环境,生活垃圾按规定处理好	A13 行业标准
a26 您看我们村环境不错吧? 就是因为一开始搞农村旅游,按照行业标准重新规划,集中整治了环境	
a27 农家乐用的蔬菜都是我们村自己种的,可以保证绿色无公害的,每家都有食品安全卫生经营许可证的	A14 经营许可
a28 我们这是生态村、旅游村,什么证件、资质都是齐全的	

二、轴心编码

轴心编码是将开放式编码资料做聚类分析,对农村环境治理的驱动因素进行主范畴归纳和提炼,并且从上述开放式范畴中找到潜在的因果关系或是脉络层次,进而构建关联、挖掘出轴心编码。本部分一共提炼出 4 个轴心编码,范畴是村民环境需求、基层政府预期收益、利益相关者环境利益和资源控制权,具体的轴心编码范畴与关系内涵见表 5 - 2。

表 5 - 2　轴心编码范畴与关系内涵

轴心编码	开放式编码范畴	关系内涵
村民环境需求	A1 村民生态环境意识	村民生态环境意识越强,对环境需求越高
	A2 村民生活质量的要求	村民对生活质量的要求越高,对环境需求就越高
	A3 村民监督反馈机制	村民监督反馈机制越健全,对环境需求越高
基层政府预期收益	A4 基层政府经济利益	基层政府环境治理获得经济利益越高,预期收益越大
	A5 基层政府政治利益	基层政府环境治理获得政治利益越高,预期收益越大
	A6 基层政府声誉	基层政府通过环境治理获得更高声誉,预期收益越大
利益相关者环境利益	A7 村民绿色行为	村民绿色行为越普遍,利益相关者环境利益越高
	A8 乡镇企业环境要求	乡镇企业环境要求越高,利益相关者环境利益越高
	A9 农业绿色发展	农业绿色发展越完善,利益相关者环境利益越高
	A10 旅游业绿色发展	旅游业绿色发展越完善,利益相关者环境利益越高
资源控制权	A11 土地使用权	土地流转、生态功能区划分等土地问题影响资源控制权
	A12 资金	投资、信贷等资金问题影响资源控制权
	A13 行业标准	农村旅游、农家乐等行业标准影响资源控制权
	A14 经营许可	行业资质证明、食品安全与卫生等经营许可影响资源控制权

三、选择式编码

选择式编码是在将轴心编码资料中提炼出核心范畴,解析其他范畴与核心范畴之间的关联,并采用"故事线"的形式描述农村环境治理的行为现象和内在关联,也就是轴心编码的典型关系结构(见表 5 - 3)。基于上述典型关系结构,可以归纳为村民环境需求和基层政府预期收益分别是农村环境治理的外在和内在驱动因素,而利益相关者环境利益和资源控制权则是农村环境治理的外在和内在情境条件等结论,并构建出农村环境治理驱动因素理论模型(见图 5 - 1)。

表5-3　轴心编码的典型关系结构

典型关系结构	关系结构内涵
村民环境需求→基层政府→农村环境治理	村民环境需求是农村环境治理的外在驱动因素,间接影响农村环境治理效果
基层政府预期收益→农村环境治理	基层政府预期收益是农村环境治理的内在驱动因素,直接影响农村环境治理效果
利益相关者环境利益→农村环境治理	利益相关者环境利益是农村环境治理的外在情境条件,影响治理方向和强度
资源控制权→农村环境治理	资源控制权是农村环境治理的内在情境条件,影响治理方向和强度

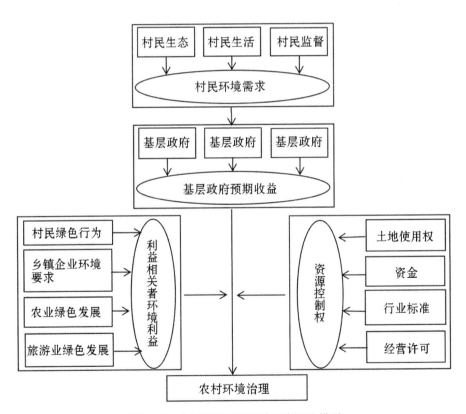

图5-1　农村环境治理驱动因素理论模型

第三节 结论阐释与政策建议

一、研究结论阐释

从农村环境治理驱动因素理论模型可知,影响农村人居环境治理的驱动因素体现为村民人居环境需求、基层政府预期收益、利益相关者环境利益和资源控制权等方面,但是理论模型中的四个驱动因素对农村环境治理的影响方式和作用机制存在差异,故根据研究结论提出以下阐释。

村民人居环境需求(由村民生态意识、村民生活质量要求和村民监督反馈机制等因素决定)是农村环境治理的外在驱动因素,通过影响基础政府从而促进治理行为的产生,间接影响了农村人居环境治理。基层政府主要行动者会根据村民对生活质量的要求以及村民自发的生态环境保护意识而对未来的环境治理行动作出选择,同时村民监督反馈机制对基层政府的环境治理行为进行了修正。首先,村民生态环境保护意识的提高是村民环境需求的直接体现,也直接制约着基层政府环境治理行为。在访谈中,不少基层政府官员强调村民自发的环保意识越来越强,不仅自家周围的环境干净卫生,村里的公共区域也要干净卫生,尤其是近年来村民生活越来越富裕,对村里的人居环境要求更高。其次,村民对生活质量要求的提高是村民人居环境需求因素的间接体现,主要表现在村民对农村基础设施如路面平整、自来水管道修缮以及户厕改造等,以及村内环境保护设施如垃圾箱的数量、垃圾清洁车等。部分基层政府官员的访谈涉及此项内容,并反映有些村民可以接受集体付费购置人居环境设施,归村内集体所有。最后,村民监督反馈机制是村民环境需求的保障,不仅对基层政府的环境治理行为有监督作用,也对已经发生的行为起到了一定的修正作用。这与村委会选举办法密不可分,村委会是村民投票选举组成,代表了大部分村民的利益,所以村委会的环境治理行为也要符合大部分村民的环境利益。多位基层政府官员的访谈内容印证了这一观点,基层政府做成的每一项生态保护、环境治理规划要充分考虑村民的利益。

基层政府预期收益包括基层政府经济利益、政治利益和基层政府声誉等因素,是农村环境治理的内在驱动因素,主要通过影响基层政府行为者对环境治理利益的整体评估从而激发治理行为的产生,直接影响了农村人居环境治理。第一,基层政府经济利益因素主要体现在生态环境方面绩效考核后的奖励以及生态环境保护的财政补贴等,是基层政府环境治理行为的主要驱动力。不少基层政府官员的访谈资料都反映出基层政府环境治理行为直接影响他们自身的绩效考核以及未来的奖励。第二,基层政府政治利益对农村人居环境治理有显著影响,主要表现为生态环境责任审计以及生态环境终身追责等制度。这些利于生态环境保护的制度颁布,改善了原有聘用制度的遗留问题,如基层政府官员对生态环境保护的忽视以及为了追逐任期内的政绩最大化不惜损害生态环境利益等。多位基层政府访谈者都强调了这一影响,现在的生态环境追责体制倒逼基层政府加大力度进行农村环境整治,保障村民的环境利益。第三,新闻媒体曝光、网络舆论导向以及生态环境保护荣誉称号等基层政府声誉对农村环境治理有显著影响,主要体现为基层政府官员非常重视这种来自社会的评估,尤其是针对基层政府环境治理的行为能力以及诚实守信的社会评估。

利益相关者环境利益是影响农村人居环境治理的外在情境条件,主要包括村民绿色行为、乡镇企业环境要求、农业绿色发展以及旅游业绿色发展。它同时也是农村环境治理的外在约束条件,主要体现在村民、乡镇企业以及农村产业对基层政府环境治理行为决策的影响,是基层政府农村环境治理行为的落脚点。环境利益的内涵是"绿水青山就是金山银山"的转化过程,将生态、环境和资源资本化,关键是将利益相关者的生态、环境和资源转化为环境资本,将生态、环境和资源优势转化为环境效益,乡镇企业、农业以及农村旅游业绿色发展及转型升级倒逼基层政府农村环境治理,不仅改善了农村生态环境,也推动了农村生态、环境和资源经济的发展(杨帅等,2019)。第一,村民绿色行为主要包括村规民约、环境保护教育等方面,对农村环境治理的长效性有一定影响。不少基层政府访谈者反映将保护生态环境写进村规民约,对村民的绿色行为有一定的引导作用,同时对村民的环境保护教育也有利于基层政府环境治理行为的顺利进行。第二,乡镇企业环境要求直接影响了基层政府环境治理实际的工作内容。一方面,乡镇企业环境要求的提高将直接影响生态环境治理标准,调动了基层政府环境治理的积极性,从而推动了农村环境治理进程;另一方面,乡镇企业生产过程对生态环境的影响也是基层政府日常管理与监督的任务之一。部分基层政府官员强调乡镇企业生产行为应该是环境友好型的,不能损害生态环境利益,同时生态环境改善了,有更多的企业愿意来当地办厂。第三,农业和农村旅游业的绿色发展对农村环境治理的发展方向具有引导作用。一是绿色农业发展体现在绿色、无公害农业种植等方面,吸引了大量采购者、占据了一定的农业市场份额,同时农业生产过程中限药减肥对农业用地起到保护作用,因此也是基层政府环境治理工作的重要方向;二是农村旅游业绿色发展体现在农村环境保护基础设施的改善以及农村生态环境保护标准的提高等方面,这些内容同样涉及农村环境治理的发展方向。在访谈中,多位基层政府官员表示农业和农村旅游业的绿色发展是"一箭双雕",不仅可以发展经济也治理了农村环境。

资源控制权(由土地使用权、资金、行业标准和经营许可等因素决定)是农村人居环境治理的内在情境因素。作为基层政府开展环境治理行为的重要手段,资源控制不仅是影响农村环境治理实现的重要因素,也是基层政府开展治理行为的切入点。资源可分为两种。一类是基础性资源,如土地使用权(土地流转和生态功能区划分等),其中基层政府在基础性资源的使用中扮演着双重角色,不仅是生态环境和资源的保护者,通过发展规划对生态环境和资源开发速度和规模的控制来开展环境治理、生态保护行为,也是生态环境和资源的利用者,通过对基础设施的建设等鼓励发展农家乐等产业,促进当地经济发展(Connell 等,2009)。另一类是战略性资源,如资金(投资额和绿色信贷等)、行业标准(农村旅游业和农家乐行业标准等)和经营许可(行业资质证明、食品安全与卫生等),基层政府从当前环境治理面临问题出发,通过对战略性资源的控制不仅保护生态环境,也发展了当地经济,实现双赢(Pastras 等,2019)。

二、政策建议

本章通过构建农村人居环境治理驱动因素理论模型,探索分析了村民人居环境需求、基层政府预期收益、利益相关者环境利益和资源控制权等因素之间的密切联系,在此基础上进一步整合这些因素的深层内涵为研究农村环境治理的作用机制和路径选择做依据。同时,这为基层政府推进乡村振兴战略中的环境治理创新、实现生态文明思想中的"两山论"提供了理论价值,也为政策制定者设计有针对性的政策建议提供了思路。

政策制定者应通过政策或机制的设计拓宽村民人居环境需求的获取途径,据此对基层政府官员提出人居环境治理的新要求,同时也是衡量基层政府农村环境治理的考核标准之一。另外,基层政府更全面地了解村民环境需求可以激发村民改造村容、改善环境的内生动力,自发地保护生态环境、保持村内公共卫生以及为农村人居环境治理献言献策,并且对基层政府环境治理工作起到有效监督。

政策设计者应建立科学合理的农村环境治理绩效评价指标以及评价机制,提升基层政府对农村环境治理预期收益的深刻认识。第一,从增加考核主体入手,构建由上级政府为主导、村民广泛参与以及媒体、网络有效监督的农村环境治理绩效评价机制,突出评价过程的公正性和透明化。第二,完善检查监督体制,基层政府农村环境治理执行情况不能仅依靠上级政府检查监督,应发动社会各种力量参与到农村环境治理监督工作中,特别是新闻媒体、报刊网络以及科研院所等组织,从而提升农村环境治理工作实效。第三,为了防范基层政府中在任期内的"机会主义者",应将生态环境追究责任与追加奖赏等机制纳入现行的政治锦标赛,不但要考核基层政府官员的经济绩效,更要考核潜在的环境绩效。

政策制定者应科学合理运用资源控制权等工具规范基层政府环境治理行为。基层政府扮演着资本和生态环境之间的桥梁角色,并控制着农村生产资源,所以应利用科学规划以及行业高标准使农村环境治理规范化。政策制定者应因地制宜,针对每个村镇特有的生态环境问题,将中央与地方已经颁布的政策整合,利用土地、资金和经营许可等要素手段规范农村环境治理工作,实现多种产业的融合发展、绿色发展。另外,政策制定者应召集相关产业部门和行业协会成立专业的农村行业标准化委员会,建立统一而详尽的生态环境保护、农业食品质量安全等标准体系,提升基层政府环境治理水平。

政策设计者通过政策设计的创新实现农村生态、环境与资源转化为经济价值,从而提高利益相关者的环境利益。一方面,利用政策引导利益相关者提高环境保护意识与生态素养,扩大农村传统产业绿色生产,提高绿色农产品的市场份额;另一方面,通过政策改革推进现行制度向生态保护、绿色发展转变,影响利益相关者转变经济发展方式,实现农村生态、环境与资源的资本化。

第三篇
农村人居环境绿色价值评价

第六章
农村人居环境绿色价值评价的研究框架

在农村人居环境绿色价值的评价方面,学者们已经应用了很多成熟的定量方法,但结果仍有待完善。目前针对农村人居环境绿色价值,着重于第一章所述的价值估算方面,包括市场价值法和非市场价值法等。但是,这些估价方法受经济社会的影响较大,缺少一种客观的标准来衡量不同尺度和不同区域的农村人居环境绿色价值。因此,本章引入能值的概念,用来对农村人居环境的绿色价值进行客观评价。

第一节　能值理论及其应用

一、能值理论创立过程

20 世纪 80 年代,能值理论由著名生态学家、克拉福德奖得主、"系统生态学之父"奥德姆(H. T. Odum)创立。从 20 世纪 50 年代开始,奥德姆就着手进行生态系统能量分析研究,接着于 20 世纪 70 年代提出独创性系统生态学理论方法,八九十年代建立了能值分析理论与研究方法。1987 年,他在接受瑞典皇家科学院的克拉福德奖(Crafoord prize)颁奖时,在演讲中首次阐述了能值概念理论,同时在发表于《科学》期刊的论文中(Odum,1988)论述了能值和能质、能量等级、信息、资源财富等之间的关系。1996 年在深入研究与总结国际能值分析研究的成果后,世界上第一部能值专著《环境会计:能值与环境决策》(*Environmental Accounting*:*Emergy and Environmental Decision Making*)问世了(Odum,1996)。

能值分析方法的前身是生态能量学,也称能量生态学,被认为是研究生命系统与环境系统之间能量关系及其运动规律的科学,是生物能量学和生态学相互渗透而形成的一门交叉学科,属于生态学中的一个分支学科(祖元刚,1990)。生态能量学是研究生态系统和符合生态系统的能量流动、传递与转化规律的科学,研究对象是生态系统的能流与其他生态流(物质流、生物流、信息流等)的数量变化和相互之间的关系,以及系统的结构功能变化规律。从生态学出发,能量的流动和转化是所有生命活动的基础,也是生命科学中的核心问题之一。从物理学出发,能是做功的量度,其计量和测度必须是统一的物理能量单位,其运动规律必然遵从热力学系统原理,即热力学第一、第二定律奠定了能值理论的基础。

生态能量学逐渐变为一门独立的学科,在生物能量学和生态学中相互渗透,同时能量衡量的弊端也显露出来。不同类别的能量具有不同的来源,存在质与价值的根本差异,不可作简单加减和比较,否则难免导致错误或模糊不清的分析结果。因此奥德姆提出了一种新的科学概念和度量标准——能值。能值新理论和研究的新方法为生态系统、生态经济系统及人类生产活动的研究开拓了一条定量研究的途径。

能值分析的学术思想重视人类社会与环境的相互作用关系,强调人与自然的和谐,从能量、体现能发展到能值,从生态系统理论发展到能量系统理论,从能量分析发展到能值分析,在理论和方法上都是一个重大飞跃。能值理论与分析方法是一种新的环境—经济价值论和系统分析方法,涉及的学科面广,不仅涉及系统生态学、生态系统生态学、能量学、资源学、环境学、系统学、地球科学等自然科学,同时涉及经济学、社会学、未来学等人文学科。能值被认为是联结生态学和经济学的桥梁,具有重大科学意义和实践意义。在理论上,能值分析为生态经济系统开辟了定量分析研究的新方法,提供了衡量和比较研究方法。

能值分析也具有重要的生态经济意义,生态学中对能流与物流的研究拓展了系统分析方法论,经济学对物质流与价值流也有经济计量方法。但是,如何把能流、物流与货币流三种流量综合和相互换算,在能值概念和理论出现之前长期未能得到妥善解决。人们一直在寻找一种可以把生态系统和经济系统统一起来进行定量分析研究的尺度和方法,而新兴的生态学家在其理论发展和实际应用研究上也迫切需要定量的研究方法,生态学与经济学之间需要一种联结的纽带和共同的度量标准,运用能值,可以把能流、物流与货币流综合起来,并相互换算,以能值为量纲作定量分析研究,并且计算出一系列反映生态与经济效率的能值综合指标体系。所以能值是生态学与经济学交叉联系的桥梁,它为人类重新认识世界提供了一个重要的度量标准(蓝盛芳等,2002)。

二、能值理论基本原理

能值(Emergy)不同于能量(Energy),是形成某一资源、产品或劳务产品形成所具有的能量,某一流动或储存的能量所包含一种类别能量的数量,称为该能量的能值。通常以太阳能来进行衡量,单位为太阳能焦耳(Solar Emjoules,即 sej),如雨水的能值为 75000 太阳能焦耳。能值分析中用太阳能值转换率(Solar transformity,单位:sej/J 或 sej/g)作为各种物质或能量的转换单位,即单位能量或物质所含有的太阳能值,可将生态经济系统内流动和储存的各种不同类别的能量和物质转换为同一标准的能值率(蓝盛芳,2002)。

能值转换率是从生态系统食物链和热力学原理引申出来的重要概念,是衡量不同类别能量的能质(Energy quality)的尺度,与系统的能量等级密切相关。生态系统是一种自组织(Self organization)的能量等级(Energy hierarchy)系统。根据热力学第二定律,能量在食物链中传递、转化的每一过程中均有许多能量耗散流失,因此,随着能量从低等级的太阳能转化为较高质量的绿色植物的潜能,再传递、转化为更高质量、更为密集的各级消费者的能量,能量数量的递减伴随着能质和能级的增加。应用能值转换率可将生态系统或生态系统内流动和储存的各种不同类别的能量转换为同一标准的能值,进行定量分析研究。环境中主要能量流动过程的太阳能值转换率的计算方法包括:从地球生物圈能量等级分布网中获取数据进行计算,通过对亚系统能量流动和转化进行分析,通过能量储存时间进行分析计算,通过其他太阳能值转换率进行转换推算,通过能量流动网络数据计算,通过计算机解矩阵方程计算,通过能量等级分布图计算,通过事物再生周期计算等。

综上所述,能值分析是以能值为基准,把生态系统或生态经济系统中不同种类、不可比较的能量转换成同一标准的能值来衡量和分析,从中评价其在系统中的作用和地位。其优点在于综合分析系统中各种生态流(能物流、货币流、人口流和信息流),得出一系列能值综合指标(Emergy Indices),能够定量分析系统的结构功能特征与生态经济效益。

三、能值理论研究进展

(一)国际能值研究进展

为了更好推广能值研究,佛罗里达大学成立了环境政策研究中心能值研究系统。1999 年组织召开了第一次国际能值分析学术研讨会,随后约定每两年举行一次这样的国际研讨会,截至 2023 年 1 月已召开了 11 次会议。每次召开会议均会出版学术论文集,能值分析理论、方法与应用都包含在研讨内容中。

奥德姆等人出版了大量的能值著作。奥德姆等人(2000)在能值评估手册(Folio #1)里针对地球运动,对矿产与能源的能值转换率进行了重新计算,并探讨了能值转换率的计算方法。他们提出,地球运动中能量的吸收产生了变化,能值转换率的基线值应随之变化,建议由 1996 年的 9.49×10^{24} sej/a 提升到 2000 年的 15.83×10^{24} sej/a。这意味着能值转换率在 2000 年以后的使用中,应该用 2000 年以前的数据乘以系数 1.68,继而确保能值转换率数值的准确性。在随后一系列的能值评估手册中,奥德姆等人提供了从研究报告和论文中收集到的能值转换率的数据和计算过程(Odum,2000;Brown and Bardi,2001;Brandt-Williams,2002;Kangas,2002),其主要目的在于制定能值评估单元的表格与基准测定,并在每个手册中展示了数据和数据的来源(Odum,2000)。

2010 年,布朗(Brown)和乌尔贾蒂(Ulgiati)将利用卫星测绘等更为先进的技术手段所得的数据,依照 1996 年奥德姆对能值的定义重新计算了全球㶲(即可用能)的值,同时考虑了来源于地球地热能的不确定性,公布能值转换率的能值基准结果约为 $15.2 \times 10^{24} \mathrm{sej/a}$。布朗等(2016)将驱动地理生物圈的可得太阳辐射能、地热源和潮汐动力合称为地理生物圈能值基准(geo-biosphere emergy baseline,GEB)。2016 年,布朗(Brown)、乌尔贾蒂(Ulgiati)和坎贝尔(Campbell)联合发表了最新计算结果,分别是 $12.1 \times 10^{24} \mathrm{sej/a}$ 和 $11.6 \times 10^{24} \mathrm{sej/a}$,两个值很接近,且平均值为 $11.9 \times 10^{24} \mathrm{sej/a}$,若考虑可接受程度的不确定性,则可定为 $12.0 \times 10^{24} \mathrm{sej/a}$。这个值可以被命名为 GEB2016。无论采用哪个能值基准,正如英文名称"baseline",是一个基础基准参照值。奥德姆认为基准值究竟是多少并没有那么重要,因为能值分析的结果和给定的基准相关,也就意味着可以用系数进行转换。乌尔贾蒂将能值基准比喻为地理学中海拔的概念,但是仍需要选定一种能值基准值。为了便于计算,本章选取 2000 年的基准,即 $15.83 \times 10^{24} \mathrm{sej/a}$ 进行后续的计算。国际上关于能值的研究主要从生态及生态系统服务价值方面入手。坎贝尔等人(Campbell,2015)研究了牡蛎珊瑚礁对社会的重要性,得出结论是牡蛎珊瑚礁是典型的超越市场价值物种,必须核算其生态系统服务对人类的福祉。农业、经济及社会研究方面,丰塞卡等人(Fonseca,2015)应用能值评价方法评估蒙塔多农场养牛效益,针对系统的可持续性给出优化建议。对工业和技术的能值评估,李等人(Li Linjun,2015)将能值分析应用于闭环回收流程,相对产品的能值评估每个回收阶段的环境压力。

（二）国内能值研究进展

1989 年我国的能值分析研究工作开始进行,当时一些留美学者直接与奥德姆在美国佛罗里达大学进行学习与合作研究,并且参与了美国 NSF 的能值著作与能值相关项目。1990 年奥德姆第二次访问中国,能值理论与方法在中国的传播就始于此时。1990 年 8 月 1 日至 8 月 21 日他陆续访问了台北、广州、北京和沈阳,在各地举办学术讲座,题目有《自组织与系统生态学》《能值分析与环境评价》等。1992 年他在名为《当代生态学博论》的书中发表了两万多字的长文,这是第一本用中文详细介绍能值理论方法和有关研究的著作;同年在北京出版社出版了能值分析著作——《能量、环境与经济:

系统分析导引》（奥德姆，1992）。随后能值理论在我国普及开来，能值分析概念与方法被收入《普通生态学》《生态系统生态学》和《生态工程学》等大学教材和研究生教材。

随后的能值分析方法和应用研究，尤其对国家或地区、自然资源、工农业系统的能值分析十分活跃。在国际上，20 世纪 80 年代美国科学基金率先开展能值研究，意大利、瑞典、澳大利亚等国于 20 世纪 90 年代迅速展开研究。我国于 20 世纪 90 年代由留美学者蓝盛芳引入能值理论，开展了国家与地区、农业、自然保护区和城市方面的能值分析和理论方法研究。从此以后，我国的广州、北京、南京和沈阳、佛山等多座城市的大学和科研机构持续开展了十多年的能值研究，能值理论在各个领域被应用。其中包括国家、省、市以及自然保护区等生态经济系统的能值评估、农业生态系统、城市生态系统、环境与资源、废水处理、生态工程和工业的能值评价。

由蓝盛芳、钦佩、陆宏芳（2002）编著的《生态经济系统能值分析》是有关生态经济系统能值分析的经典著作。该书主要阐述了生态系统能值定量分析原理、方法与应用。另外还有由蒋有绪等译注、奥德姆著作的《系统生态学》（1993），蓝盛芳译注、同样为奥德姆著作的《能量环境与经济——系统分析导引》，由钦佩、安树青、颜京松等编写的《生态工程学》等著作（2008）。这些著作中均有主要章节介绍能值分析的方法、原理，及其与别的学科研究内容的比较。同时也有学者围绕生态系统能值分析的理论、方法、原理与步骤等内容发表的大量文章。例如，城市生态系统能值分析的原理与步骤（隋春花和蓝盛芳，1999）、生态系统的能值分析（蓝盛芳和钦佩，2001）、能值研究的几个前沿命题（沈善瑞等，2004）、资源型城市生态经济系统的能值分析（张耀军等，2004）、农业生态系统能值分析方法研究（陆宏芳等，2000）、基于能值分析理论的草业生态经济系统可持续发展评价体系（邓波等，2004）等。

四、能值理论应用现状

（一）国家和地区尺度的生态经济系统分析

严茂超和李海涛等学者使用能值理论与方法，评估了中国大陆各省区（市）农林牧渔业主要产品的能值及其宏观经济价值，分析比较了对各省区单位面积产出、人均农产品能值占有情况、农产品能值供应的余缺情况等指标(严茂超等,2001)。严茂超和李海涛等学者系统研究了西藏、新疆和江西省的主要资源的贮存价值、总能值用量、能值的流入流出情况、人口承载力、能值投入率、能值使用强度、环境负荷等指标(李海涛等,2001,2003)。严茂超等人运用能值理论与方法,对美国经济的高消费格局及维持其经济格局所使用的手段与策略进行了分析,特别研究了美国的高消费格局给世界产生的负面影响。根据全球环境日益恶化的现状和人类可持续发展要求,有学者提出了美国应该承担的责任和义务(严茂超等,2001)。

(二)对农业生态经济系统的分析

蓝盛芳等人探讨了能值分析理论和方法在农业生态系统研究中的应用,并将之前的农业能量分析与能值分析加以比较。张耀辉等(1999)分析和评价了海南省农业能值系统,提出了对海南省农业贡献最大的是环境资源,海南省环境压力较小,未来具有较大的发展潜力。陈东景利用能值分析理论,对黑河流域中游张掖地区农业生态经济系统的投入产出状况进行评估,发现张掖地区的农业发展存在诸多问题,如环境负荷不断增加、产出率降低、产品经济成本增加、能值持续性指数下降等。苏国麟对广东省三水市种植业系统的物流和能流进行了分析。赵玉环对广东省高州市典型龙眼果园进行了能值分析比较(王小利,2004)。朱丽选取了果业子系统和农果复合系统作为研究对象,这是两个位于不同自然经济环境下的农业子系统,位于黄土高原沟壑区的洛川和淳化两个有代表性的典型村,并且通过农户调查,对能值投入产出结构研究的深度和广度做出创新(朱丽,2014)。很多学者利用能值研究方法对农业系统进行了全面研究。陈栋等人(2007)以广州国家农业科技园区为研究对象,运用能值分析方法,分析和评价了广州国家农业科技园区总体的发展状况。胡小东(2010)等人深入了解中国西部12个省、市、自治区农业生态系统的网络运行效率和发展潜力的空间差异,利用能值分析方法对该区域农业生态系统的能值投入产出情况、环境承载情况和生态系统运行情况做了定量分析。

(三)生态系统服务价值研究

万树文、钦佩等人应用能值分析法对江苏省射阳河口的实地治理方法进行能值计算和评价,比较人工耐盐植被系统在能值产出数值上的变化,以研究狐毛草的耐盐性。钦佩、黄玉山对香港米埔自然保护区进行能值分析。崔丽娟等对都阳湖湿地生态进行能值研究。李伟等人(2014)依据能值分析理论对北京翠湖湿地生态系统服务功能价值进行评价。吴霜等人(2014)利用1901—2009年全球温度和降水数据以及全国1266块森林样地主要森林类型数据作为基础数据,应用能值理论和生态系统服务功能理论,建立了中国森林能值与服务功能价值之间的函数关系,并且研究了1990年和2009年中国森林服务功能价值密度的变化。姚娟(2016)以新疆大喀纳斯旅游区为实证点,在游客消费的生态系统服务类型分析基础上,利用物质量法与能值分析法,尝试从景区这类较小尺度空间开展游客生态系统服务消耗计量与分析。闵庆文(2004)等人运用能值理论与方法对青海草地生态系统运行的主要驱动力、内在过程及贮藏进行评估,展现了能值理论在生态系统价值评估中的应用前景。

(四)运用于城市生态系统研究

在城市生态学动态研究与定量研究方面,隋春花介绍了能值分析方法的应用原理与步骤,并以广州与香港为例,利用能值分析理论方法,对各种生态流进行比较研究(隋春花,2001;隋春花和蓝盛芳,2003,2006)。李加林(2003)使用能值方法定量研究了宁波市的生态经济系统,并提出相关政策建议。朱燕燕(2002)以北京城市系统为具体案例,从能值角度分析了能流物流、货币流、人流等基本生态流,寻找到城市系统中能源与环境矛盾产生的根本原因,并提出相应的解决方法。周连第(2006)等人在简要分析密云县自然、社会经济概况及其在北京的战略地位基础上,运用能值理论与方法,对其主要指标进行了系统研究,并与其他区域的有关指标进行了比较研究,定量描述了密云县生态经济格局和发展状况的总体特征。张妍等人提出一种集成了能值分析和生态网络分析来研究城市代谢系统组分间互动关系的方法(张妍和杨志峰,2009)。王石磊(2009)从资源合理利用和环境保护的角度出发,通过研究西安的城市化水平和城市化引起的生态环境效应,试图发现制约其城市化发展的内部因素以及城市化与城市化进程引发的生态问题的内在关系,以协调城市化与生态环境的关系问题。

（五）理论探索及评价指标方面的研究

隋春花（1999）在分析现有的环境质量效益换算评估法、环境资源定价评估法、总经济价值评估法的基础上，认为能值评估法以自然价值论为依据，人为因素影响很小，可以从本质上揭示自然资源所具有的真实价值。汪殿蓓（2002）对历史上财富价值的衡量方法比较分析得出，能值分析理论是衡量环境—经济系统财富的较为科学合理的方法之一。陆宏芳等人（2003）提出评价系统可持续发展能力的新能值指标（EISD），并将其应用于珠江三角洲基塘农业生态工程建设中。李双成、蔡运龙构建了基于能值的标定土地持续利用态势的若干指数，并对 1978—1999 年中国农用土地的可持续性进行判定。李双成等（2001）提出以能值分析为理论支撑的区域性可持续发展评价指数（ESI），并将其应用于中国 1978—1998 年经济系统的可持续发展指数的变化历程研究。耕地是一种公众资源，承载着保证粮食安全、满足工业化和城市化用地需求，以及生态建设退耕还林还草要求等功能。王国刚（2012）运用传统生态足迹模型及区域能值足迹模型、耕地能值足迹模型两种能值改进模型，从时间序列上对新疆耕地资源利用进行了评价三种模型的对比，研究表明：区域能值足迹模型不适合对耕地利用进行评价，只能从总体上分析一个区域的可持续状况；耕地能值足迹模型评价效果最好，能更客观地反映出耕地利用的可持续状态及其变化，在一定程度上克服了传统生态足迹模型的不足和缺陷。王婧（2009）利用能值分析法，分析我国对外贸易中的生态利益，对改善生态环境、保护生态利益、促进经济健康稳定发展有所帮助。张改景等人（2008）根据能值分析的基本思想，提出了能反映区域建筑能源规划系统特点的能值评价指标，将区域建筑能源规划系统中能源利用的生态效益与经济效益放在同样重要的位置进行考虑，使用能值法分析了美国得克萨斯州奥斯汀太阳能光伏电池。

（六）人居环境评价

目前用能值方法评价人居环境的研究较少。谭少华（2008，2009）、张欣慧（张欣慧，2012）等人利用能值方法对重庆市人居环境持续发展进行评价，认为本土资源的大量消耗和生态环境的破坏对重庆的生态环境压力加剧起到加速作用，人居环境建设的重点在于提高资源利用效率。张子龙等人

(2011)借鉴已有环境承载力研究成果,以人地关系地域系统理论,提出了区域环境承载力的概念,认为某一区域的环境承载力是环境系统提供人居环境建设所需资源的支撑能力和吸纳污染物的同化能力之和,并将其应用于新疆和宁夏。对区域人居环境系统的能值研究中,绿洲农村人居环境系统的物质流、能量流、信息流活动最频繁、最复杂,并且有人这个最积极活跃的主宰因素,因此有必要从能值角度对农村人居环境进行研究。

第二节　农村人居环境能值系统及模型构建

一、农村人居环境系统能值流模型构建

(一)人居环境系统能值分析的基本方法与步骤(见图6-1)

1. 资料搜集

收集资料,实地调研,仔细研究研究与区相关的自然资源环境、经济发展等资料,整理分类录入数据。

2. 能量系统图的绘制

使用奥德姆的"能量系统语言"图例,绘制详细的能量图,以上一步骤收集的数据资料为依据,形成包含农村人居环境主要成分与相互关系,以及能流、物流、货币流等的系统能量图解,概括农村人居环境系统各成分与总环境的关系。

3. 建立能值分析表

表中列出农村人居环境系统的主要能量输入和输出项目,其中包括可更新资源、不可更新资源、进口商品及劳务、出口商品及劳务以及废物流等。计算各细分资源与物质的能量(原始数据),以焦耳(J)和克(g)为单位,货币流以美元($)为单位。最后将所有资源、物质与货币转换成同一的单位即太阳能值(sej),并分别归类。能值分析表通常有五或者六项表头,包括项目编号、项目名称、原始数据、能值转换率、太阳能值等。

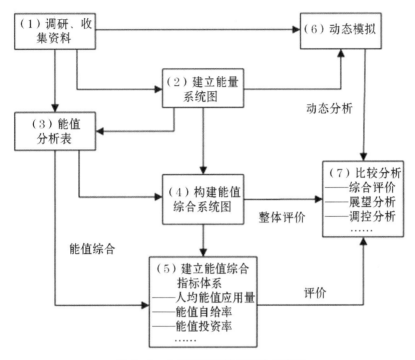

图 6-1　人居环境系统能值分析步骤

4.构建能值系统图

简化第二步中的能量系统图,用简明扼要的关系绘制出农村人居环境系统能值结构及产出,仅表现出重要的投入产出以及系统边界,用箭头和实线或者虚线表示能值流的方向。

5.建立能值综合指标体系

在第三步的基础上进一步建立并计算出一系列反映农村人居环境的生态经济系统结构与效率的能值标体系,用来分析农村人居环境系统代谢,如能值投入率、环境负载率等。能值指标休系的建立是分析系统结构与效率的前提。

6.动态模拟

根据以上所有资料与能量分析表以及能量系统图,可用电脑软件对农村人居环境系统进行模拟分析。

7. 系统发展评价与策略分析

通过对能值指标体系的分析,对系统结构与功能的能值系统分析,制定较为合理的经济发展政策建议,为农村人居环境系统生态经济的可持续发展与管理提供科学依据。

(二)农村人居环境能值系统组成

农村人居环境能值系统是农村经济、社会、自然可持续发展的综合系统。能值综合系统图(图6-2)说明了农村人居环境系统中经济、社会、环境等子系统的能值流动过程。图6-2中边界内外的各图例由低到高从左至右,代表能值转换率的依次降低。参照其他学者的研究成果,选取对整个农村人居环境系统影响最为密切的物质与能量项目,详细计算每一项能量与能值,组成农村人居环境能值系统。通过能值分析理论和方法,定量分析农村人居环境系统中自然与人类经济活动的价值,各子系统间连结作用、相互影响,从而形成一个整体。图6-3为能量系统符号说明(Odum,1983)。

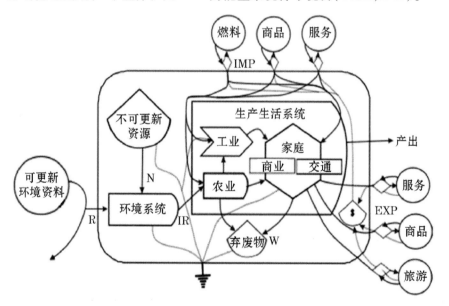

图6-2　农村人居环境系统能值流概图

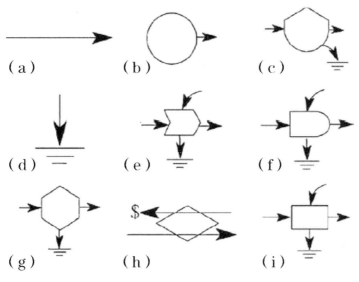

图6-3　能量系统符号说明

注:(a)能量回路;(b)源;(c)汇;(d)热损;(e)中间商;(f)生产商;(g)消费者;(h)交易;(i)箱体。

农村人居环境能值系统的基本能值流包括可更新环境资源(R)、可更新环境资源产品(IR)、不可更新资源(N)、外界输入能值(IMP)、产出能值(EXP)、废弃物能值(W)。农村人居环境能值系统各能值分类、组成项目与能值转换率如表6-1所示,具体能量计算的相关系数参考附录B。能值转换率基于2000年全球能值基准15.83×10^{24}sej/a重新计算得出(Odum等,2000)。

表6-1　农村人居环境系统能值构成及能值转换率

简写	能值分类	项目	单位	能值转换率(sej/unit)
R	可更新环境资源能值	太阳能	J	1.00
		风能	J	2.52×10^3
		雨水势能	J	1.76×10^4
		雨水化学能	J	3.06×10^4
		地球循环能	J	5.71×10^4

续表

简写	能值分类	项目	单位	能值转换率（sej/unit）
IR	可更新环境资源产品能值	农产品	J	$4.44 \times 10^4 - 1.45 \times 10^6$
		林产品	J	$7.39 \times 10^4 - 1.43 \times 10^5$
		畜产品	J	2.86×10^6
		水产品	J	3.36×10^6
N	不可更新资源能值	表土层净损失	J	1.24×10^5
		原煤	J	6.72×10^4
		天然气	J	8.06×10^4
		汽油	J	1.11×10^5
		柴油	J	1.86×10^5
		电力	J	2.69×10^5
		液化石油气	J	8.06×10^4
		化肥	g	4.70×10^9
		农膜	g	6.38×10^7
		农用柴油	J	1.26×10^8
		农药	g	2.69×10^9
		农村用电	J	2.69×10^5
		农用机械总动力	J	1.26×10^8
IMP	外界输入能值	商品、服务	$	9.37×10^{12}
		旅游	$	1.66×10^{12}
		资金	$	9.37×10^{12}
EXP	产出能值	商品、服务	$	6.34×10^{12}
		原煤	J	6.72×10^4
		水泥	g	5.54×10^{10}
		钢材	g	2.35×10^9
		发电	J	2.69×10^5
		自来水生产	g	1.29×10^{13}

简写	能值分类	项目	单位	能值转换率（sej/unit）
W	废弃物能值	废水	g	6.66×10^8
		废气	g	6.66×10^8
		废固	g	1.80×10^9

数据来源：蓝盛芳，奥德姆等，2000 年以前的能值转换率乘以系数 1.68 后计算得出。

可更新环境资源（R）：可更新环境资源能值是农村人居环境系统自然条件的体现，包括太阳能、风能、雨水化学能、雨水势能与地球旋转能。其中太阳能、风能、雨水化学能、雨水势能是在相同的气候与地球物理作用下产生的不同自然现象，因此只取太阳能、风能、雨水势能、雨水化学能中最大的一项（严茂超等，1998）与地球循环能之和，以避免重复计算能值。

可更新环境资源产品（IR）：包括农产品、畜产品、林产品与水产品，具体每一项的能值计算系数参考附录 B。可更新环境产品由系统内环境资源转化而来，这是维持农村人居环境系统人类生存的食物来源。

不可更新资源（N）：包括工业产品消耗、农业消耗与生活消耗的煤炭、电力等不可更新资源，以及包括表土层净损失在内的不可更新环境资源。

外界输入能值（IMP）：包括外界输入的商品和服务、入境旅游、投资等所有从系统外部进入农村人居环境系统的能量流。

产出能值（EXP）：包括系统输出的商品和服务，以及系统生产的水泥、电力等主要工业产品。因研究区数据获取困难，出口商品和服务数据几乎为零，而且输出商品中并未计算工业产品的输出量，因此在本书中不论工业产品最终是否由系统内消费还是输出系统外，均先作为系统产出能值进行计算，以合理衡量农村人居环境系统的产出水平。

废弃物能值（W）：包括生产生活在内的废水、废气、废固，用来衡量系统与环境之间的相互影响作用。

（三）农村人居环境系统能值代谢评价指标

农村人居环境系统能值代谢评价指标构建，应遵循以下原则。首先，农村地区经济系统以第一产业为主，一部分以资源能源为产品的工业，设计指标应能反映研究区的经济产业特点,应充分考虑农村人居环境系统的独特性,使之能反映系统能值代谢的结构与效率,体现农村人居环境系统生态与经济可持续发展的目标。其次,能值理论有着自身的衡量体系,农村人居环境系统能值流的循环反映了多个子系统的相互作用。指标设计必须符合能值理论本身的特点与要求。最后,由于研究区自然条件较差,经济发展水平较低,数据获取困难,指标设计时应使得大部分数据能从公开的统计年鉴中获得。

1. 总量指标

净能值量(U)为系统总投入利用的能值,包括可更新环境资源、可更新环境资源产品、不可更新资源、外界输入能值四项之和。总能值量(UT)是系统总能值,包括净能值量加上产出能值与废弃物能值。

2. 结构指标

能值外向度与能值自给率。能值外向度(EER)是外界输入能值与产出能值之和,与总能值量之比,反映了农村人居环境系统与外界交流的程度。能值自给率(ESR)为系统使用的可更新与不可更新资源占净能值量的比重,除去外界输入能值之后能反映系统自身的自给水平与独立程度。

3. 效率指标

能值产出率(RYR)是净能值量与总能值量的比值,反映了投入产出比,用来评价农村人居环境系统利用本地投入能值投资生产对经济贡献的大小。净能值产出率(EYR)为农村人居环境系统净能值量与外界输入能值之比,用来衡量农村人居环境系统利用外界输入能值投资本地生产对经济贡献的大小。能值投资率(EIR)为外界输入能值与来自环境的能值之比,用来衡量经济发展程度,值越低表明经济发展水平越低,对环境的依赖越强。不可更新资源代谢率(EN)反映了农村人居环境系统不可更新能值利用水平。能值货币比(EG)为净能值量与地区生产总值之比,为了方便比较,以现价人民币表示的地区生产总值全部换算成某一年的可比价,再换算为美元货币。能值使用强度(ED)反映了单位面积土地的能值量,用来评价能值集约度和强度。人均能值用量(EP)反映了人均能值拥有量,值越高表明居民生活水平越高。

4.压力指标

环境负载率(ELR)是农村人居环境系统不可更新资源能值投入量与可更新资源能值投入量之比,用以评价环境承压程度。废弃物负载率(WR)为"三废"能值与可更新资源能值之比,反映了农村人居环境系统废弃物排放对环境的影响。代谢环境效率(EW)为废弃物占净能值量的比例,反映了废弃物在整个系统运行中的产出情况。

5.综合指标

能值可持续指数(ESI)最早由美国生态学家布朗(Brown. M. T)与意大利生态学家乌尔贾蒂(Ulgiati. S)共同提出(Ulgiati and Brown,1998),为系统能值产出率与环境负载率之比,是用来评价农村人居环境系统可持续发展性能的综合指标。ESI < 1 时为发达国家与地区,1 < ESI < 10 为发展中国家与地区。另有一种观点与此不同,如冈萨雷斯等人(González-Mejía,2017)在波多黎各岛的能值分析中提出,ESI 值越高系统可持续越高。曲等人(Qu,2017)分析了太原市的可持续性,指出 ESI 越高,表明一个地区正朝着可持续发展,特征是用更少的本地不可再生资源和更少的进口。而较低的 ESI 值反映了一个地区消耗更多的不可再生能值和进口更多的能值,逐渐走向不可持续发展。ESI 指数有其局限性,不同的解读呈现出不同的结果,因此有必要结合指标分解法来分析净能值量与能值可持续指数的驱动因素(Siche等,2008;Liu 等,2017)。

二、农村人居环境系统能值的指标分解

(一)指数分解基本方法

分解分析被广泛应用于研究影响能源消耗、碳排放、物质消耗和生产需求变化的关键驱动因素(Xu 和 Ang,2013;Weinzettel 和 Kovanda,2011;Zhang和 Ang,2001)。分解分析可分为两类,结构分解分析 SDA(Structure Decomposition Analysis)与指数分解分析 IDA(Index Decomposition Analysis)。SDA方法基于投入产出表,如果能够量化包括经济增长、能源使用、物质消耗和污染排放这些基本来源的变化范围,在此基础上可以使用 SDA 方法(Casler和 Rose,1998)。首次使用 SDA 方法的是美国学者,基于投入产出的污染物

系数表用于研究美国经济发展产生的空气污染(Leontiel 和 Ford,1972),近年来 SDA 已广泛应用于能源与环境领域(Zhang 和 Qi,2011)。指数分解分析(IDA)是在 20 世纪 70 年代末首次提出的,用来研究产品组合变化对工业能源需求的影响(Ang 和 Zhang,2014),随后越来越多的研究开始使用这一方法,并被广泛运用在经济系统和行业能源效率研究中。其中主要有五个研究领域,包括能源供给与需求、能源相关气体排放、物质流与物质消耗、区域能源效率趋势与监测和国家间比较分析。IDA 模型通常包含两种计算方法,一种是基于 Divisia 指数的方法,包括对数平均迪氏指数方法 LMDI(Logarithmic Mean Divisia Index),又可分为乘法模型与加法模型(Ang 和 Zhang,1998);另一种是基于 Laspeyres 指数的分解分析,通过基期变量不变来确定自由变量的影响(Ang 和 Zhang,2014)。IDA 模型与 SDA 相比较而言,优势在于无须投入产出表,而 SDA 结构分解分析需要借助投入产出表数据。

LMDI(平均迪氏指数方法)模型是 IDA 模型的分支,是对于变量不多且涉及时间序列性质的情况是适用性较好的一种分解模型。由于 LMDI 模型的使用不需要借助投入产出表的数据为基础,所以使用比较方便,在很多领域都有广泛的应用。LMDI 分解方法包含两种不同的模型:LMDI Ⅰ 和 LMDI Ⅱ,其不同点在于所选权重,这两种模型都有乘法和加法两种形式。平均迪氏指数方法 LMDI 的优点在于以下几点:①LMDI 方法的分解结果能够通过一系列的检验,其中包含最重要的因子互换检验。②LMDI 是完全分解,并没有残留项。因此,当基期与研究期解释变量时间跨度较长且数据相差较大时,对结果不会产生影响。③可以在一次分解的基础上进行多个因素分解,而且每个因素分解的公式相同,使用简单方便。④乘法模型与加法模型通过一个简单的公司可以使得分解结果相互转换,对于需要考察不同形式的结果来说很方便。⑤如果原始数据中包含 0,可将 0 设定为一个很小的正数,比如 1.0×10^{-10},这样能很好地解决无效值问题(Ang 和 Choi,1998)。鉴于 LMDI Ⅰ 的加法模型易于理解和操作,本书选用 LMDI Ⅰ 的加法模型来分析农村人居环境能值系统的驱动因素。

部分学者综合能值理论与指数分解方法对能值结构进行了研究。刘等人(Liu 等,2016)综合了能值理论,通过改进 IPAT 公式和 IDA 模型研究了工业园区中工业共生的影响因素;徐等人(Xu,2017)结合能值方法与LMDI分析研究了中日进出口贸易的平衡问题;刘等人(Liu,2015)综合Kaya公式与IDA模型分析了影响天津经济技术开发区可持续发展的关键因素。能值与指数分解法的综合研究以发达经济系统或者工业系统为主,较少有关于农村人居环境系统的研究,对于研究区这样以农业为主的经济不发达地区,发展需要依赖国家援助资金,能值的结构与可持续发展要素都有其特殊性。因此有必要运用指数分解法来解析能值结构与效率的驱动因素。

可以用基本的方程用来描述因素之间的关系,假设要分解的要素V,指数分解方法可以用以下最简单的公式表达:

$$V = \frac{V}{X_1} \times X_1 \tag{6.1}$$

这个公式也可以应用到多次因素分解,以上方程可以继续分解,以第一次分解的结果作为下一步分解的起点。可以用一般形式表述如下:

$$V = \frac{V}{X_2} \times \frac{X_2}{X_3} \times \cdots \times \frac{X_{n-1}}{X_n} \times X_n \tag{6.2}$$

每一项的具体含义根据被分解的因素而不同。

(二)农村人居环境系统净能值量(U)因素分解法

已有研究(Ehrlich等,1971)将人类对环境影响加以量化,将环境影响视为人口、技术和富裕程度的函数,即IPAT模型。公式表达为:I(环境影响或压力,Environmental Impact) = P(人口,Population) × A(富裕水平,Affluence) × T(技术,Technology,支持富裕水平的特定技术)。该模型将人为驱动力与环境问题争论的核心因素结合起来形成了一个分析框架,即在某一国家或地区中,对环境和生态系统的影响(I)都是其人口数量(P)和富裕水平(A)的产物,并被支持这种富裕程度的特定技术(T)破坏,因此也被称为环境压力控制模型,其实质是测量人类活动对环境的输入性影响或压力(钟兴菊等,2016;Simon,1981)。

本书使用改进的IPAT模型为基础,将研究区的净能值量(U)分解如下:

$$U = \frac{U}{R+N+IR} \times \frac{R+N+IR}{GDP} \times \frac{GDP}{POP} \times POP \tag{6.3}$$

在式6.3中,各字母代表的意义与上一节中相同,其中R代表可更新环境资源,IR 代表可更新环境资源产品,N 代表不可更新资源,GDP 代表研究区的国民生产总值(以 2005 年可比价计算并换算成美元),POP 代表人口。为了方便计算与表达,将净能值量分解的每个要素用以下公式替代:

$$C = \frac{U}{R + N + IR} \tag{6.4}$$

在式 6.4 中,C 代表结构因素,表示系统能值投入总量与本地资源能值投入量的比值。C 为能值自给率 ESR 的倒数,即 C = 1/ESR。该值越小,表示系统的自给自足能力越强,对内部资源开发的程度也越高;该值越大,表示越依赖外部输入能值的供给。对本地资源的过于依赖也会导致 C 值变小。外部资源的输入带动了整个系统的经济活力,因此能值的投入量也会变多。

$$C = \frac{R + N + IR}{GDP} \tag{6.5}$$

在式 6.5 中,E 代表效率因素,表示每产出一单位的财富(GDP)所使用的资源投入能值量,代表了资源利用效率。E 值越低,越说明投入资源所产生的收益效率越高。一般情况下,效率越高所需的净能值量(U)越小,因为某种因素如技术进步的改变,导致社会生产同样 GDP 的情况下需要投入的资源变少。因此 E 的增加即效率的降低,会导致净能值量的增加。

$$C = \frac{GDP}{POP} \tag{6.6}$$

在式 6.6 中,G 代表经济因素,为地区国民生产总值与人口数之比,表示人均 GDP 水平,即经济规模。G 在一定程度上代表了系统中居民的生活富裕程度,更富裕的生活方式导致居民更有可能消费超出其应有份额的食物、能源、原材料、商品等,进而增加整个系统的净能值量。

POP 即地区人口数,在其他条件不变的情况下,越多的人口对净能值量的需求与消耗量越大。但由于人口因素的复杂性,人口结构、人口流动、地区分布、城乡差异等问题都会对净能值量产生影响。

综合上述公式,将净能值量(U)表示如下:

$$U = C \times E \times G \times POP \tag{6.7}$$

从式 6.7 中可知,在其他条件不变的情况下,系统能值投入总量与本地资源能值投入量的比值增加(C),每产出一单位的财富所使用的资源投入能值量的增加(E),人均国民生产总值或生活水平水平提升(G),人口规模增加(POP),都将导致净能值量的增加。

本书选择平均迪氏指数方法 LMDI Ⅰ 的加法模型来分解农村人居环境能值系统的驱动因素,分解方式如下:

$$\triangle U = U_t - U_0 \tag{6.8}$$

其中 U_t 为 t 期的净能值量,U_0 为基期的净能值量,以 2005 年为基期,2006—2015 年为变化期。净能值量的变化可以分解为每个单因素变化的总和:

$$\triangle U = \triangle C + \triangle E + \triangle G + \triangle POP \tag{6.9}$$

各单因素贡献值可以用以下公式计算得出:

$$\triangle U = \sum \frac{U_t - U_0}{lnU_t - lnU_0} ln \frac{C_t}{C_0} \tag{6.10}$$

$$\triangle E = \sum \frac{U_t - U_0}{lnU_t - lnU_0} ln \frac{E_t}{E_0} \tag{6.11}$$

$$\triangle G = \sum \frac{U_t - U_0}{lnU_t - lnU_0} ln \frac{G_t}{G_0} \tag{6.12}$$

$$\triangle POP = \sum \frac{U_t - U_0}{lnU_t - lnU_0} ln \frac{POP_t}{POP_0} \tag{6.13}$$

(三)农村人居环境系统能值可持续指数(ESI)的分解方法

仅仅分析净能值量的驱动因素是不够的,净能值量是系统资源能值使用的情况,其大小在一定程度上反映了农村人居环境系统能值代谢的经济总量与经济发展程度,而经济发展与环境之间是否可持续,接下来还需分析影响农村人居环境系统能值代谢的可持续性的驱动因素。因此使用相同的指数分解方法对研究区的能值可持续指数(ESI)进行分解分析,ESI < 1 时为发达国家与地区,1 < ESI < 10 为发展中国家与地区。分解公式如下:

$$ESI = \frac{EYR}{ELR} = \frac{U}{IMP} \times \frac{R+IR}{N+IMP} = \frac{U}{POP} \times \frac{POP}{GDP} \times \frac{GDP}{IMP} \times \frac{R+IR}{AREA} \times \frac{AREA}{N+IMP}$$

$$\tag{6.14}$$

在式 6.14 中,各字母代表的意义与上一节中相同,其中,EYR 代表净能值产出率,ELR 代表环境负载率,U 代表净能值量,IMP 代表外界输入能值,R 代表可更新环境资源能值,IR 代表本地可更新资源能值,N 代表不可更新资源能值,GDP 代表研究区的国民生产总值(以 2005 年可比价计算并换算成美元),POP 代表人口,AREA 代表土地总面积。为了方便计算与表达,将能值可持续指数分解的每个要素用以下公式替代:

$$H = \frac{U}{POP} \tag{6.15}$$

在式 6.15 中,H 代表每个人所拥有的净能值量,社会和经济越是发展,该值就越高,表明每单位人口的资源拥有量与使用量就越多。同样的,为了发展投入系统的能值量也越多,会引起能值可持续指数的增加。

$$P = \frac{POP}{GDP} \tag{6.16}$$

在式 6.16 中,P 代表劳动力因素。表示每产出一单位的财富(GDP)所使用的劳动力的投入量,代表了劳动生产率,该值越高表明劳动生产率越低,值越低越说明劳动力所产生的收益效率越高。一般情况下,劳动生产率越高,对系统可持续性(ESI)的破坏就越小,因为某种因素如劳动力素质的改变,导致社会生产同样 GDP 的情况下需要劳动力变少。因此 P 的增加即劳动生产率的降低会导致能值可持续指数的增加。

$$I = \frac{GDP}{IMP} \tag{6.17}$$

在式 6.17 中,I 代表外界输入能值的投资回报率。表示外界输入能值带来的国内生产总值的变化,每增加一单位的外界输入能值能增加多少GDP,即每单位投资产生的经济价值。该值越高,说明利用外界输入能值产生的经济价值越高,有着较高的利用率,但高经济总量不会凭空产生,多出的值由本地资源所生产。因此该值的提高说明过于依赖本地资源的开发,会使得能值可持续指数增加。

$$E = \frac{R + IR}{AREA} \tag{6.18}$$

在式 6.18 中,E 代表环境因素,表示可再生资源的密度。该值意味着系统的承载能力,在农村人居环境系统中表示可再生资源对农村人居环境的支撑情况。该值越大,说明系统的自然可再生资源越丰富,自然条件越好。

$$T = \frac{AREA}{N + IMP} \tag{6.19}$$

在式 6.19 中,T 代表技术因素,是不可再生资源与外界输入能值密度的倒数,用来衡量农村人居环境系统的非可再生能源密度。可将其看作技术压力的量度,因为一个地区技术水平越发达才会有越多的不可再生资源的投入。该值越高,表明系统的技术水平越低,导致能值可持续指数的增加。

综合上述公式,将能值可持续指数(ESI)表示如下:

$$ESI = H \times P \times I \times E \times T \tag{6.20}$$

从式 6.20 中可知,在其他条件不变的情况下,系统中每个人所拥有的净能值量的增加(H),每产出一单位的财富(GDP)所使用的劳动力的投入量的增加(P),外界输入能值的投资回报率的增加(I),可再生资源的密度增加(E),技术压力的增加(T),都将导致能值可持续指数的增加。

同样选择利用平均迪氏指数方法 LMDI I 的加法模型来分解农村人居环境能值可持续指数的驱动因素,分解方式如下:

$$\triangle ESI = ESI_t - ESI_0 \tag{6.21}$$

其中 ESI_t 为 t 期的净能值量,ESI_0 为基期的净能值量,以 2005 年为基期,2006—2015 年为变化期。能值可持续指数的变化可以分解为单因素变化的总和:

$$\triangle ESI = \triangle H + \triangle P + \triangle I + \triangle E + \triangle T \tag{6.22}$$

各单因素贡献值可以用以下公式计算得出:

$$\triangle H = \sum \frac{ESI_t - ESI_0}{lnESI_t - lnESI_0} ln \frac{H_t}{H_0} \tag{6.23}$$

$$\triangle P = \sum \frac{ESI_t - ESI_0}{lnESI_t - lnESI_0} ln \frac{P_t}{P_0} \tag{6.24}$$

$$\triangle I = \sum \frac{ESI_t - ESI_0}{lnESI_t - lnESI_0} ln \frac{I_t}{I_0} \tag{6.25}$$

$$\triangle E = \sum \frac{ESI_t - ESI_0}{lnESI_t - lnESI_0} ln \frac{E_t}{E_0} \tag{6.26}$$

$$\triangle T = \sum \frac{ESI_t - ESI_0}{lnESI_t - lnESI_0} ln \frac{T_t}{T_0} \tag{6.27}$$

第七章
农村人居环境能值代谢系统的实例分析

本章在第六章的基础上系统分析典型的绿洲农业地区——新疆和田地区农村人居环境能值代谢的系统特征与各项代谢评价指标,并进行能值的结构分解与效率分析。由于数据获取困难,本书采用 2005—2015 年统计年鉴数据进行分析。本章共有五节,第一节介绍研究区域的基本自然资源概况与社会经济情况;第二节分析和田地区能值系统的特征,包括可更新资源能值分析、不可更新资源能值分析、外界输入能值分析、产出能值分析以及废弃物能值分析;第三节对各项代谢指标进行分析评价,包括总量指标、结构指标、效率指标、压力指标、综合指标;第四节对和田地区农村人居环境系统净能值量驱动因素和能值可持续指数驱动因素进行分析;第五节为本章小结,概括主要内容。

第一节　研究区概况

一、自然概况与资源条件

和田地区位于新疆维吾尔自治区东南端,东西长约 670 公里,南北宽约 570 公里。全地区辖 1 市 7 县,包括和田市、和田县、墨玉县、皮山县、洛浦县、策勒县、于田县、民丰县;91 个乡镇,1388 个行政村,13 个街道办事处,

116 个社区,26 个农林牧场,总面积 24.81 万平方公里,和田市距首府乌鲁木齐 1513 公里。边境线 210 公里,南枕昆仑山与西藏自治区相连,北部深入塔克拉玛干沙漠腹地与阿克苏地区阿瓦提县接壤,东部与巴音郭楞蒙古自治州且末县毗连,西南越喀喇昆仑山与印度、巴基斯坦实际控制的克什米尔地区毗邻(和田地区统计局)。

地形地貌:和田地区总面积 24.78 万平方公里中,山地占 33.3%,沙漠戈壁占 63%,绿洲仅占 3.7%,且被沙漠和戈壁分割成大小不等的 300 多块。南部昆仑高山成弧形横贯穿东西,北坡为浅丘低山区,峡谷遍布,南坡则山势转缓。山脉高峰一般海拔为 6000 米左右,最高达 7000 米以上。由于气候干燥,荒漠高度一般达 3300 米,个别地段可达 5000 米,南北坡雪线分别在 6000 米和 5500 米以上。在昆仑与喀喇昆仑的地理分界处断列形成林齐塘洼地,发育着现代盐湖与盐碱沼泽,形成高山湖泊。

气候条件:和田地区属干旱荒漠性气候,夏季炎热干燥,冬季寒冷干燥,夏季最高温可达 39℃左右,冬季最低温可达 -16℃左右。年均降水量只有 49.8 毫米,年均蒸发量高达 2480 毫米。春季多风沙,每年浮尘天气 220 天以上,其中浓浮尘(沙尘暴)天气在 60 天左右。由于全区范围大、面积广,不同地形地貌条件下生物、气候差异极大,大致可分为南部地区、绿洲平原区、北部沙漠区三种气候类型。

光热条件:和田地区是中国光能资源较丰富的地区,居全疆之冠。太阳总辐射量大,平原区年辐射量为 5934 兆焦耳/平方米,仅次于青藏高原,优于同纬度的华北平原及长江中下游地区。太阳总辐射量的分布为南部山区显著高于北部平原区,平原区因浮尘引起的大气透明度不同,而东部大于西部。全年日照时数 2747—3038 小时,≥10℃的积温为 4200℃,无霜冻期(地面温度 > -1℃,最低气温≥4℃)达 170—201 天。平原区自西向东逐渐递增,6—7 月份日照时数最多,2 月份最少,全地区年平均日照百分率在 58%—60%之间,最高可达 84%。

水资源条件:和田境内有大小河流 36 条,年径流量 74 亿立方米,其中玉龙喀什河与喀拉喀什河两条河水占全区各河总水量的 61.2%。河流季节反差极大,夏季洪涝,秋冬严重干旱,春季极为缺水,4—5 月来水量仅占全年的

7%。地下水年溢出径流量为 11.92 亿立方米(为可重复利用的泉水),不可重复利用的河床潜流为 1.661 亿立方米。冰川面积 11447 平方公里,占全部新疆冰川面积的 43.9%。冰川水资源储量 11400 亿立方米,年补给地表水约 14 亿立方米,占年径流量的 20%。南部高山区冰川是塔里木盆地南部内陆河流的源头,也是和田主要河流的重要补给来源。

矿产资源:截至 2015 年,和田地区已发现矿产 61 种。其中能源矿产 6 种,有煤、天燃气、石油、油页岩、热泉、铀;金属矿产 15 种,有铁、锰、铜、金、银等;化工原料非金属矿产 9 种,有硫、盐、硼、碴硝等;建材矿产 18 种,有石膏、石棉、石墨、萤石、水泥灰岩、黏土等;冶金辅助原料矿产 5 种,有菱镁矿、白云岩、石英岩、黏土和石灰岩;宝玉石矿产 6 种,有和田玉、昆仑玉、金刚石、玛瑙、石榴石和绿柱石。优势矿产及特色矿产主要为和田玉、稀有金属、锑矿、金矿及汞矿。有各类矿产矿床 27 个,矿点 168 个。已探明矿产资源储量的有和田河气田,地质储量 616 亿立方米,可开采储量 445 亿立方米,煤炭可开采储量 2 亿吨,水泥灰岩储量 1 亿吨,玉石矿产储量 35 万吨,石膏 1.6 亿吨,石英 328 万吨,亚锰磁铁矿 28 万吨。

二、研究区社会经济情况

从人口来看,和田地区总人口为 250.47 万人(2020 年第七次人口普查数据),由维吾尔、汉、回、塔吉克、柯尔克孜等 30 多个民族组成。其中维吾尔族占总人口的 96.72%,汉族占总人口的 3.06%,其他民族占 0.22%。全地区农业人口 198.19 万人,占总人口的 78.3%(和田地区统计局,2019),现有农业用地(包括耕地、园地、林地和牧草地)共 5770 万亩,是一个典型的少边穷传统农业地区。

从经济来看,和田地区 2015 年地区生产总值(GDP)234.05 亿元,人均地区生产总值 10069.85 元,按当年平均汇率折合 1573 美元,在新疆 14 个地州市中排名靠后。从产业上看,第一产业完成 60.32 亿元,第二产业完成 39.05 亿元,第三产业完成 134.49 亿元,分别拉动经济增长 0.9、1.6 和 8.7 个百分点。三次产业结构比为 25.8 : 16.7 : 57.5。

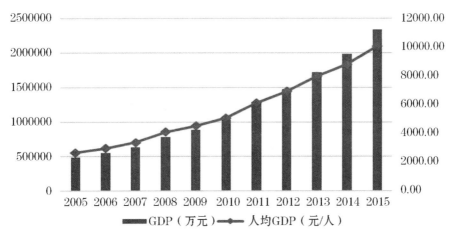

图 7 - 1　2005—2015 年和田地区的 GDP 和人均 GDP

　　从产业来看,尽管第三产业占比很大,但是第三产业以建筑业、教育、公共管理、社会保障等为主,和田地区仍然是以农业产业为主导。2015 年农作物总播种面积达 399.58 万亩,其中粮食播种面积 266.85 万亩,粮食产量 112.27 万吨,亩均单产 420.73 公斤。小麦、玉米和水稻的播种面积分别为 140.16 万亩、114.07 万亩和 11.92 万亩。棉花种植面积 57.36 万亩,总产为 5.58 万吨;油料种植面积 6.37 万亩,产量 1.10 万吨;蔬菜种植面积 17.51 万亩,产量 35.10 万吨;瓜果种植面积 7.70 万亩,产量 16.10 万吨。

　　全地区人工造林面积 24.5 万亩,木材采伐量 24947 立方米。水果总产量 49.92 万吨,其中红枣产量 9.65 万吨,人均红枣产量达 42.13 公斤,人均红枣纯收入 262.65 元。核桃生产全面丰收、产量达 15.44 万吨,人均核桃产量达 67.4 公斤,人均核桃纯收入 1309.02 元,占人均纯收入的 21.5%。

　　2015 年牲畜存栏达 521.22 万头(墨玉县牲畜存栏超过 120 万头),牲畜出栏达 505.64 万头,肉量总产达 14.51 万吨。奶类产量达 5.77 万吨,禽蛋产量达 4.66 万吨。家禽存栏达 1018.11 万只,出栏达 4396.58 万只,禽肉产量达 4.73 万吨,占总肉产量的 32.6%,人均禽肉 20.64 公斤左右。鱼类养殖面积 3.74 万亩,总产量达 2597 吨,每亩单产 69.44 公斤。

　　2015 年工业增加值完成 12.38 亿元,其中规模以上工业企业(主营业务收入 2000 万元,不包含兵团)增加值 5.52 亿元。在规模以上工业中,工

业实现增加值 0.65 亿元,重工业实现增加值 4.87 亿元。全社会用电量
20.91 亿千瓦时,增长 11.4%,其中第二产业用电量 8.30 亿千瓦时。

第二节　研究区能值系统特征分析

一、可更新资源能值分析

和田地区可更新资源能值包括自然可更新资源(R)与本地可更新资源
(IR)。由于干旱少雨,太阳能、风能、雨水势能与雨水化学能中,风能是最大
项,与广东、西藏等地区的研究结论完全不同(严茂超等,1998)。2005—
2015 年和田地区自然可更新资源维持在 5.97×10^{22} sej,本地可更新资源产
品(农林牧副渔产品)稳步上升,由 2005 年的 1.02×10^{22} sej 增长到 2014 年
的 1.64×10^{22} sej,十年增长了 60.78%,同时在 2015 年增长较快,达到了
2.89×10^{22} sej,是 2014 年的 2.76 倍,说明 2015 年和田地区的第一产业产量
大幅提升(见图 7-2)。

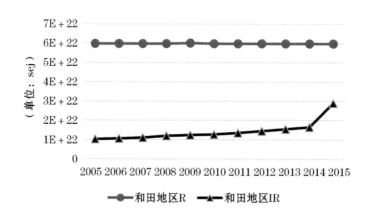

图 7-2　2005—2015 年和田地区可更新资源能值

注:因能值数值数量级较大,因此图中纵轴用科学计数法"E+22"表示"$\times 10^{22}$",下同。

比较和田各县市的本地可更新资源。在和田地区 7 县 1 市中,墨玉县的本地可更新资源能值量在 2005—2015 年一直位列榜首,并且在 2015 年大幅增长,从 2014 年的 3.94×10^{21} sej 增长到 2015 年的 7.35×10^{21} sej,涨幅达到 86.55%;2015 年相比较 2005 年,增长了 2.21 倍。这说明墨玉县的农业在和田地区占主导地位。民丰县的本地可更新资源能值量在研究期内排名最后,从 2005 年至 2014 年变化幅度很小,在 2015 年增长较快,涨幅达 94.66%,但是总量仍然很小,2015 年墨玉县的本地可更新资源能值量是民丰县的 5.92 倍。其余各县市的本地可更新资源能值量均在 2015 年较 2014 年有大幅提升(见附录表C - 1 至表C - 11)。

二、不可更新资源能值分析

和田地区的不可再生资源使用量与可更新资源处于一个数量级(10^{22}),而用货币计算时第一产业与第二产业的比例为 25.8∶16.7,不可更新资源能值的投入并没有产生相应的产出,说明在和田地区虽然使用了很多不可再生资源,然而都停留在原始的能源使用阶段,如原煤、水泥、电力等,没有很好地转化为工业发展的高级产品。2005—2015 年,和田地区不可再生资源能值量可以分为三个阶段(见图7 - 3)。其中 2005—2008 年总量保持平稳略有提升,四年间由 5.55×10^{22} sej 增长到 5.62×10^{22} sej;2008—2009 年呈现断崖式下跌,在 2009 年达到最低值,为 5.16×10^{22} sej,较 2008 年的 5.6×10^{22} sej 减少了 8.19%,是 11 年间减少最多的一次;最后在 2015 年达到最高,为 5.71×10^{22} sej,较 2009 年增长了 10.66%。

比较和田各县市的不可再生资源使用量差异(见附录表C - 1 至表C - 11)。民丰县和策勒县两个县的不可再生资源能值均在 2009 年有所提升。民丰县的不可再生资源能值量变化起伏最大,2005—2008 年一直保持在 9.7×10^{21} sej 左右;2008—2009 年有了跃升,提高到 2.31×10^{22} sej,是 2008 年的 2.38 倍;2009—2013 又是一段平稳时期,2014 年有了短暂的提升后在 2015 年又有所减少,由 2014 年的 3.12×10^{22} sej 减少到 2015 年的 2.32×10^{22} sej。洛浦县与和田县的不可再生资源能值量一直维持较低水平。于田县、皮山县和墨玉县的不可再生资源能值量均在 2005—2008 年保持平稳,在 2009 年减少之后保持较低水平。

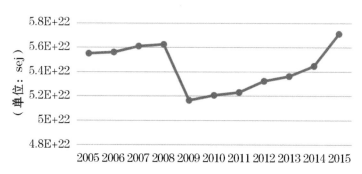

图 7 - 3　2005—2015 年和田地区不可更新资源能值

三、外界输入能值分析

和田地区的外界输入能值包括外贸进口值、旅游外汇收入、国家拨付资金、招商引资以及援疆资金，而外界输入能值的增长主要靠国家以及援疆省市的输入。2005—2015 年，国家对于南疆特别是和田地区大力扶持。2005—2010 年，是西部大开发战略提出后的第二个五年，和田地区的外界输入能值增长较快，由 2005 年的 1.94×10^{21} sej 增长到 2010 年的 8.40×10^{21} sej，增长了 333%。2010 年对口援疆工作会议召开以后，国家加大了对新疆的支援，2010—2015 年和田地区的外界输入能值呈现加速上升，由 2010 年的 8.40×10^{21} sej 增加到 2015 年的 3.17×10^{22} sej，11 年间增长了约 15 倍（见图 7 - 4）。

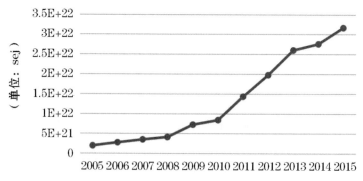

图 7 - 4　2005—2015 年和田地区外界输入能值

由于数据获取困难,各县市的外界输入能值只包含国家拨付资金。其中和田市在 2011—2013 年外界输入能值提升较快,由 2011 年 1.26×10^{21} 跃升至 2013 年的 6.09×10^{21} sej,虽然在 2013 年后有小幅回落,但 2015 年达到 4.81×10^{21} sej,依然是所有县市中最高的。和田县、洛浦县外界输入能值稳步上升,11 年间均有较大提高。皮山县外界输入能值呈现上下起伏,在 2009 年与 2012 年达到两个高点,2013 年下降后又在 2015 年有所提升(见附录表 C-1 至表 C-11)。

四、产出能值分析

产出能值还能反映和田地区的工业产出水平。和田地区的产出能值量经历了"上升—下降—上升—平稳"四个阶段(见图 7-5)。2005—2008 年为第一阶段,产出能值由 2005 年的 3.26×10^{24} sej 提升到 2008 年的 8.15×10^{24} sej。2008—2010 年为第二阶段,产出能值有所回落。2010—2013 年为第三阶段,产出能值迅速提升至 1.31×10^{25} sej。2013—2015 年为第四阶段,产出能值基本稳定在 1.326×10^{25} sej 左右。

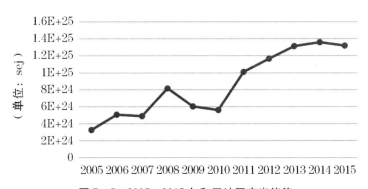

图 7-5　2005—2015 年和田地区产出能值

和田县的产出能值占和田地区产出能值比重最大,2005—2010 年和田县产出能值稳步上升,由 2005 年的 1.88×10^{24} sej 增加至 2010 年的 3.72×10^{24} sej,五年增加了 97.87%;2010—2013 年产出能值有了数量级的提升,2013 年达到 1.20×10^{25} sej;2013—2015 年呈现小幅回落但 2015 年依然维持在 1.06×10^{25} sej。和田市 2005—2010 年有小幅变化,2011 年后有所降低。

其他县市的产出能值均维持在较低水平(见附录表C-1至表C-11)。

五、废弃物能值分析

和田地区的废弃物能值体现了"三废"即废水、废气、废固的排放情况。2005—2009 年废弃物能值虽略有起伏但总体保持稳步上升(见图 7-6);2010—2012 年经历了先下降再上升,2012 年废弃物能值达到 1.34×10^{22} sej;2012—2015 年保持稳定增长,2015 年达到 1.51×10^{22} sej,是 2005 年的 1.83 倍。这说明 11 年间随着和田地区社会发展,人口增长,废弃物呈现出逐年增多的态势。

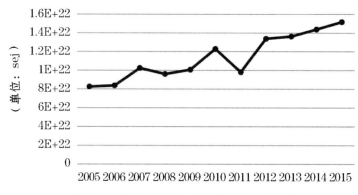

图 7-6 2005—2015 年和田地区废弃物能值

和田市的废弃物能值远远高于其他 7 个县(见附录表C-1至表C-11),除 2011 年有下降,一直保持着上升趋势,2015 年达到 7.11×10^{21} sej,是最低的民丰县的 20.61 倍。2005 年和田市废弃物能值为 3.38×10^{21} sej,2015 年较 2005 年增长了 110.35%,年均增长 10.32%。和田县、洛浦县、策勒县、于田县、民丰县的废弃物能值在 2005—2015 年有轻微起伏,但总体保持平稳,处于较低水平。

第三节　农村人居环境能值代谢指标分析

一、总量指标分析

总量指标包括净能值量(U)与总能值量(UT),反映出和田地区农村人居环境能值代谢系统的总体情况。

（一）净能值量(U)

2005—2015 年和田地区净能值量总体呈现缓慢增长的特征(见图 7 - 7),由 2005 年的 $1.27E \times 10^{23}$ sej 增长到 2015 年的 1.77×10^{23} sej,11 年增长了 39.37%,增长速度缓慢。这一时期可分为三阶段:2005—2010 年为第一阶段,净能值量平稳中略有增加;2010—2014 年为第二阶段,净能值量开始缓慢上升,由 2010 年的 1.33×10^{23} sej 增加到 2014 年的 1.58×10^{23} sej,增长幅度为 18.8%;2014—2015 年为第三阶段,2015 年净能值量为 1.77×10^{23} sej,较 2014 年增加了 12.03%。

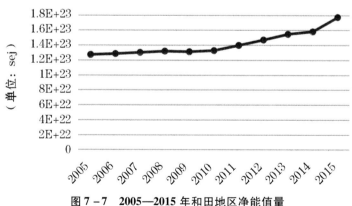

图 7 - 7　2005—2015 年和田地区净能值量

分县市来看(见附录表C-12至表C-22),民丰县与策勒县的净能值量在2008—2009年均有小幅增加,其中民丰县的净能值量在2009年后一直位于领先地位,原因在于2009年民丰县的农用地面积大幅增加,从2008年的1089.44万亩增加到2009年的2608.37万亩,大大提高了民丰县的可更新资源能值。和田县、墨玉县、皮山县和于田县四个县在2008—2009年净能值量呈现下降趋势,2012年以后总体平稳中略有增加。

从净能值量的组成来看(见图7-8),可更新资源能值(R)与不可更新资源能值(N)占净能值量的比重很大,说明和田地区依然是以初级生产方式为主的落后地区,经济发展薄弱;R与N的比例在不断缩小,外界输入能值(IMP)的比例不断增加,特别是2011年以来,原因在于中央对新疆加大了支援力度,援疆资金的增加提高了外界输入能值的比例。

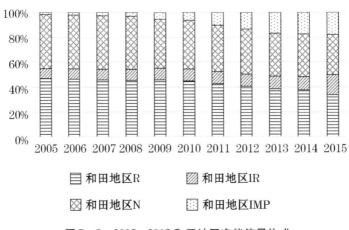

图7-8 2005—2015和田地区净能值量构成

(二)总能值量(UT)

总能值量(UT)与净能值量(U)相比,包含了产出能值(EXP)和废弃物能值(W),从图7-9来看,总能值量与净能值量总体趋势一致,但呈现出不同的形态。各县市的总能值量与净能值量时间演变呈现出较大不同。

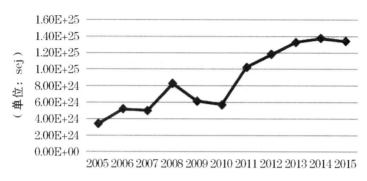

图 7 - 9　2005—2015 年和田地区总能值量

2005—2015 年,和田地区总能值量(UT)经历了"上升—下降—上升—平稳"四个阶段。2005—2008 年为第一阶段,总能值量由 2005 年的 3.39×10^{24} sej 提升到 2008 年的 8.29×10^{24} sej。2008—2010 为第二阶段,总能值量有所回落。2010—2013 为第三阶段,总能值量迅速提升至 1.33×10^{25} sej。2013—2015 为第四阶段,总能值量基本稳定在 1.34×10^{25} sej 左右。

和田县的总能值量占和田地区产出能值比重最大(见附录表C - 12 至表 C - 22),2005—2010 年和田县总能值量稳步上升,由 2005 年的 1.90×10^{24} sej 增加至 2010 年的 3.74×10^{24} sej,五年增加了 96.84% ;2010—2013 年总能值量有了数量级的提升,2013 年达到 1.20×10^{25} sej;2013—2015 年呈现小幅回落,但 2015 年依然维持在 1.07×10^{25} sej,是 2005 年的 9.82 倍。2005—2010 年和田市总能值量有小幅变化,2011 年后有所降低。由于其他县市的总能值量均维持在较低水平,在图中不是很明显。

总体看来,和田地区内部各县市的差异明显,工业化进程缓慢,总能值量呈现两极分化的态势。

二、结构指标分析

结构指标包括能值外向度(EER)与能值自给率(ESR),反映了农村人居环境系统与外界交流的程度和对外界经济的依赖程度。

(一)能值外向度(EER)

能值外向度(EER)是外界输入能值与产出能值之和与总能值量的比

值,反映了农村人居环境与外界的交流程度,值越高表示与外界的经济交流越频繁。2005—2015 年和田地区的能值外向度起伏比较明显(见图 7-10),经历了"上升—下降—再上升—再下降—上升—稳定"的波折过程。2005 年和田地区的能值外向度为 0.961,2006 年上升至 0.974,2007 年经过短暂下降后在 2008 年又提升至 0.983;2009、2010 年连续两年降低,随后在2011 年达到 0.987,2011—2015 年维持一个较高水平。11 年间的变化说明和田地区的经济与外界交流逐渐变多,工业产品生产随时间变化有增多的趋势。

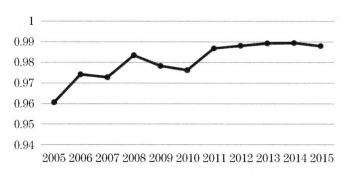

图 7-10　2005—2015 年和田地区能值外向度

分县市来看(见附录表 C-12 至表 C-22),和田县、墨玉县、皮山县、洛浦县的能值外向度维持着较高水平,说明这四个县一直与外界交流频繁,而较高值的维持很大一部分是外部援助资金造成的。和田市的能值外向度在2005—2011 年一直保持较高水平,2012 年下降值至 0.247 后在 2013 年有微量的反弹,随后又产生下降的趋势。策勒县 2005—2009 年能值外向度保持着中等水平,2009—2010 年下降至 0.431 后继续下降,在 2013 年达到最低值 0.386,2014 年又上升至 0.949,随后保持较高水平。民丰县的能值外向度起伏较大,2005—2007 年民丰县的能值外向度十分低,只有不到 0.01 的水平,在 2008 年提高至 0.599 后,2008—2014 年虽有少量提高,但在 2014 年又下降至 0.325,最后在 2015 年达到 0.816,超过了和田市。

整体看来,虽然和田地区与外界的经济交流在逐渐增加,但是内部各县市的分异明显,特别是和田市、策勒县、民丰县的变化起伏较大。

（二）能值自给率（ESR）

能值自给率（ESR）是农村人居环境系统内部使用能值与净能值量的比值,通常情况下该值越高表明系统的自给能力越强,以开发内部资源为主;在能值系统中,该值越低表明越依赖外界的经济援助。

图7－11中显示2005—2015年和田地区的能值自给率呈现出逐年下降的趋势,由2005年的0.985下降至2015年的0.821,11年间下降了16.65%。2010—2013下降速度最快,由2010年的0.937下降至2013年的0.832,下降了11.21%。这说明国家对和田地区的经济援助逐年增多,但同时0.821依然属于较高值,说明和田地区依然有着较高的能值自给率,经济结构还是依赖本地资源的投入,依然以农产品生产为主。

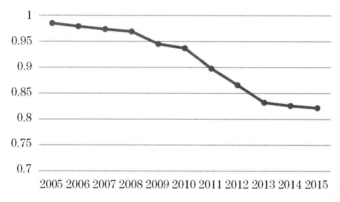

图7－11 2005—2015年和田地区能值自给率

分县市来看(见附录表C－12至表C－22),和田市的能值自给率下降较快,由2005年的0.932下降至2013年的0.356,其间在2008年有暂时上升,随后在2013—2015年上升至0.516,低于和田地区的平均值,是所有县市中能值自给率最低的。这说明和田市在和田地区外向发展特征明显,国家拨付资金较多流向和田市。其他县市也有逐年减小的趋势,但总体保持较高水平,经济结构依然以内向型发展为主。

整体来看,虽然和田市保持了能值自给率逐年减小的趋势,但无法掩盖和田地区依然是封闭落后的经济系统的事实。

三、效率指标分析

效率指标由能值产出率(RYR)、净能值产出率(EYR)、能值投资率(EIR)、不可更新资源代谢率(EN)、能值货币比(EG)、能值使用强度(ED)以及人均能值用量(EP)组成。效率指标从能值流的角度阐释农村人居系统能值代谢的投入产出效率。

(一)能值产出率(RYR)

能值产出率(RYR)是净能值量与总能值量的比值(U/UT),反映了投入产出比,用来评价农村人居环境系统利用本地资源投入能值生产对经济贡献的大小。由于和田地区产出能值部分大多为原煤、水电等利用本地资源生产的工业产品,因此能值产出率越小表明对当地的资源的"掠夺"越严重。

2005—2015年和田地区的能值产出率呈现出"三次下降,两次上升,最终保持平稳"的形态(见图7-12),从2005年的0.038最终下降到2015年的0.013,2005年是2015年的2.93倍。这并不是说和田地区经济发展的高效,恰恰从侧面反映了和田地区资源使用逐年增加,越来越多的不可更新资源转化为初级工业产品,或反馈本地生产,或输出地区外使用,同时废弃物排放于系统内。

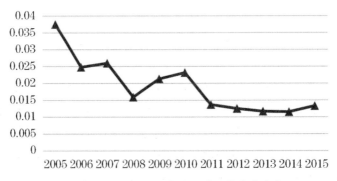

图7-12 2005—2015年和田地区能值产出率

和田市、策勒县、民丰县的能值产出率上下波动明显(见附录表C-12至表C-22)。其中和田市的能值产出率在2011—2013年迅速增加后维持在较高水平;策勒县的能值产出率在2005—2009年保持在0.4左右,随后在

2010年上升至0.564,2010—2013年保持较高水平,2014年下降至0.052,表明策勒县的产出能值与废弃物能值占比在2014年以后比例变大。

（二）净能值产出率（EYR）

净能值产出率（EYR）为农村人居环境系统净能值量与外界输入能值之比,用来衡量农村人居环境系统利用外界输入能值投资本地生产对经济贡献的大小。值越高表明效率利用外界输入能值的生产效率越高。

2005—2015年,和田地区的净能值产出率呈现逐年下降的趋势（见图7－13）。由2005年的65.44下降至2013年的5.94,随后2013—2015年维持稳定,最终达到2015年的5.60,2005年的净能值产出率是2015年的11.02倍。虽然该值的下降说明利用外界输入能值对经济的贡献有限,却表明2005年以来和田地区的经济发展由依赖本地能源投入的低投入低产出逐年转变为更加合理的投入产出水平。近年来随着国家援助资金的支持,和田地区的净能值产出率逐渐稳定。

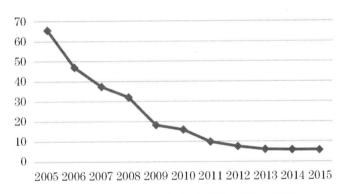

图7－13　2005—2015年和田地区净能值产出率

分县市来看（见附录表C－12至表C－22）,民丰县与墨玉县在2007年的净能值产出率畸高,民丰县整体值处于前列,在所有县市中依然处于低投入低产出的区域。其他县市的净能值产出率水平与和田地区持平。

（三）能值投资率（EIR）

能值投资率（EIR）为外界输入能值与来自环境的能值之比,用来衡量经济发展程度与环境负载率。值越大表明来自外界的经济输入越高;值越低表明经济发展水平越低,对自身环境的依赖越强。

2005—2015 年和田地区的能值投资率一直保持上升趋势(见图 7 -14),由 2005 年的 0.026 上升至 2015 年的 0.217,增长了 734.62%,但是 0.217 依然属于很低的能值投资率。世界范围内,美国的能值投资率为 7,印度为 2.4(Odum,1996)。这表明和田地区仍然有未加利用的自然资源可供使用,虽然近年来国家拨付资金与支援资金不断增加,但依然摆脱不了以本地资源为主的经济模式。

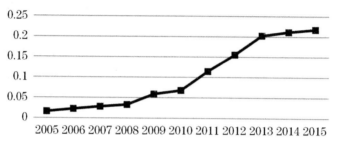

图 7 - 14　2005—2015 年和田地区能值投资率

由于数据获取困难,各县市的外界输入能值只包含国家拨付资金。从各县市来看(见附录表C - 12 至表 C - 22),只有和田市的能值投资率远远领先其他各县市,在 2005—2013 年整体保持了增长趋势,并在 2013 年达到了 1.812。其余各县市的能值投资率在较低的情况下依然保持了增长趋势。这说明国家对和田地区的资金支持发挥了一定作用,促进了和田地区经济的发展。

(四)不可更新资源代谢率(EN)

不可更新资源代谢率(EN)反映了农村人居环境系统不可更新能值利用水平。较高的不可更新资源代谢率表明系统更多依靠不可更新资源进行生产活动。

2005—2015 年和田地区的不可更新资源代谢率逐年缓慢降低(见图 7 -15),由 2005 年的 0.436 降低至 2015 年的 0.322,11 年间下降 26.15%。这说明和田地区的资源能值利用与开发逐步由外界输入能值取代,但依然保持较高值。

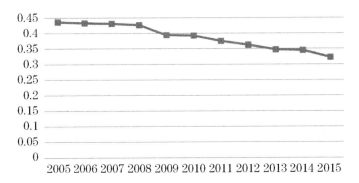

图 7 - 15　2005—2015 年和田地区不可更新资源代谢率

分县市来看(见附录表 C - 12 至表 C - 22),策勒县与民丰县的不可更新资源代谢率在 2009 年迅速提高,策勒县由 2008 年的 0.399 提高到 2009 年的 0.560,增加了 10.35%;民丰县由 2008 年的 0.406 提高到 2009 年的 0.513,增加了 26.35%。其余县市的不可更新资源代谢率在 2008 年以后均有所下降。

(五)能值货币比(EG)

能值货币比(EG)为净能值量与地区生产总值之比,单位为 sej/$。为了方便比较,2005—2015 年的 GDP 按 2005 年可比价计算,并按 2005 年汇率换算为美元。该比值表明了农村人居环境系统货币购买力的水平,比值越大,说明单位美元可购得的能值越大。同时过低的地区生产总值与过高的净能值量都会使能值货币比较高。通常经济不发达地区的能值货币比较高。

2005—2015 年,和田地区的能值货币比呈现逐渐下降的趋势(见图7 - 16),2005—2010 年能值货币比由 2005 年的 2.11×10^{14} sej/$ 下降到 2015 年的 9.17×10^{13} sej/$。能值货币比的减少从另一方面表明了为了发展经济,投入了大量的能值财富。

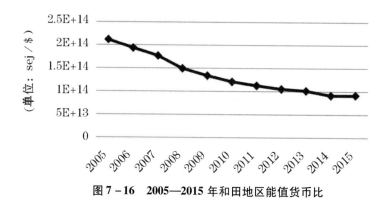

图 7 - 16   2005—2015 年和田地区能值货币比

2005—2015 年民丰县能值货币比在各县市中属于较高者(见附录表C -12 至表C -22)。各县市的能值货币与和田地区的平均能值货币比呈现出较一致的趋势,2015 年的能值货币比为 5.28×10^{14} sej/ \$,高于和田地区平均值。

整体来看,和田地区的能值货币比依然很高,表明和田地区的农村人居环境系统经济发达程度低,可以使用很多不花钱的自然环境产品。

(六)能值使用强度(ED)

能值使用强度(ED)反映了单位面积土地的能值量,用来评价能值集约度和强度,能客观评价农村人居环境系统经济发展水平与程度,单位为 sej/m²。能值使用强度越大,说明农村人居环境系统经济发展程度越高,同时表明环境压力也越大。

2005—2015 年和田地区的能值使用强度稳步上升(见图 7 - 17),由2005 年的 5.13×10^{11} sej/m² 提高到 2015 年的 7.15×10^{11} sej/m²,增长了39.38% 。虽然能值使用强度与和田地区土地面积有直接关联,但是整个能值使用强度的水平依然处于较低位置。

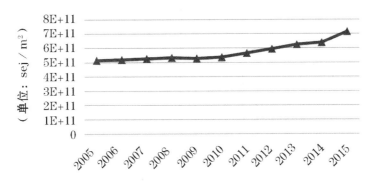

图 7-17　2005—2015 年和田地区能值使用强度

分县市来看(见附录表 C-12 至表 C-22),和田市的能值使用强度远远领先与其他县市,并且在研究期内不断增长,由 2005 年的 3.70×10^{12} sej/m^2 上升至 2013 年的 2.03×10^{13} sej/m^2,2014 年短暂下降至 1.873×10^{13} sej/m^2,在 2015 年达到 2.13×10^{13} sej/m^2,是最低的和田县的 45.38 倍。

(七)人均能值用量(EP)

人均能值用量(EP)反映了人均能值拥有量,值越高表明居民生活水平越高,但是更少的人口也会导致人均能值用量较高。2005—2015 年和田地区的人均能值用量总体呈现"下降—上升—短暂下降—上升"四个阶段(见图7-18)。2005—2010 年人均能值用量持续下降,由 2005 年的 6.98×10^{16} sej/人下降至 2010 年的 6.51×10^{16} sej/人;2010—2013 为第二阶段,人均能值用量缓慢上升,达到 2013 年的 7.18×10^{16} sej/人,增长了 10.29%;2013—2014 为第三阶段,人均能值用量短暂下跌;2014—2015 为第四阶段,人均能值用量增长至 7.632×10^{16} sej/人。

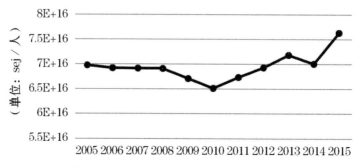

图7-18　2005—2015年和田地区人均能值用量

分县市来看(见附录表C-12至表C-22),民丰县由于人口较少,因此拥有较高的人均能值用量,其他县市均处在和田地区平均值附近。综合来看,2005—2015年和田地区的人均能值用量呈现上升趋势,表明居民生活水平在提高。

四、压力指标分析

压力指标由环境负载率(ELR)、废弃物负载率(WR)以及代谢环境效率(EW)组成,是进一步评价农村人居环境系统能值代谢环境效率的指标。

（一）环境负载率(ELR)

环境负载率(ELR)是农村人居环境系统不可更新资源能值投入量与可更新资源能值投入量之比,用以评价环境承压程度。2005—2015年和田地区的环境负载率在2005—2008年保持平稳(见图7-19),2009年略有下降,2009—2014年保持上升态势,随后在2015年又有所下降。2015年的环境负载率为1.002,较2005年(1.078)下降了7.58%。分县市来看(见附录表C-12至表C-22),和田市的环境负载率在2013年有较大的增长,随后在2014年和2015年又下降到之前的水平;而和田县、皮山县、于田县和墨玉县在2009年有较大的降低,民丰县与策勒县在2009年环境负载率有较大的提高。

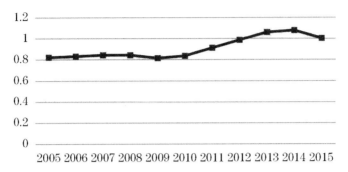

图 7 - 19　2005—2015 年和田地区环境负载率

（二）废弃物负载率（WR）

废弃物负载率（WR）为"三废"能值与可更新资源能值之比，反映了农村人居环境系统废弃物排放对环境的影响，说明生态环境面临的压力。整个和田地区废弃物负载率的走势与和田市基本一致，均保持了上升的趋势（见图7 - 20）。和田市是和田地区的中心，居住着较多人口，聚集了和田地区的主要产业，排放的废弃物也主导了和田地区废弃物负载率。2015 年和田地区的废弃物负载率为 0.254，而和田市 2015 年的废弃物负载率为 63.38，远远高于地区平均水平。从整个和田地区来看，废弃物负载率很低，但是分县市来看（见附录表C - 12 至表C - 22），和田市这种区域中心城市承载了整个地区几乎全部的环境压力，这对于脆弱的绿洲生态来说需要加强完善区域的废弃物处理。

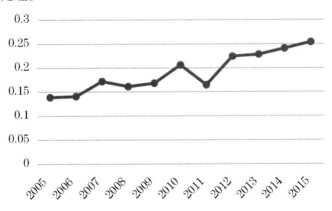

图 7 - 20　2005—2015 年和田地区废弃物负载率

(三)代谢环境效率(EW)

代谢环境效率(EW)为废弃物占净能值量的比例,反映了废弃物在整个系统运行中的产出情况。该值越高,表明废弃物的处置效率越低。2005—2015 年和田地区的代谢环境效率保持住 0.1 以下,表明废弃物处置效率较高(见图7-21)。和田市的代谢环境效率由 2005 年的 1.96 下降至 2015 年的 0.72,废弃物处置效率提升明显。其余县市的代谢环境效率保持在较低水平(见附录表C-12 至表C-22)。

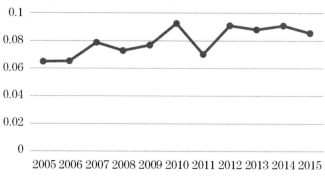

图 7-21 2005—2015 年和田地区代谢环境效率

五、综合指标分析

能值可持续指数(ESI)是综合评价农村人居环境系统能值可持续发展性能的指标,为系统能值产出率与环境负载率之比。ESI < 1 时为发达国家与地区,1 < ESI < 10 为发展中国家与地区。

2005—2015 年,和田地区的能值可持续指数持续下降(见图7-22),由 2005 年的 79.60 下降至 2011 年的 10.70,并在 2012—2014 年持续降低,2014 年达到 5.32,2015 年有微小的增加,但也达到了 5.59。这表明和田地区的农村人居环境系统虽然在不断优化,但依然处于发展中阶段,仍然属于典型的以农业为主的生产系统。分县市来看(见附录表C-12 至表C-22),各县市在 2009 年以后能值可持续指数趋于稳定,少有较大波动,地区内部差异比较大,2015 年能值可持续发展指数最高的民丰县达到 56.53,是最低的和田市(1.073)的 52.67 倍。

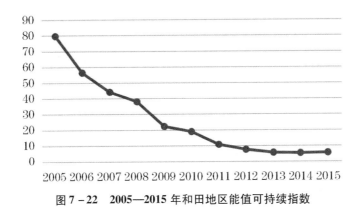

图 7 - 22　2005—2015 年和田地区能值可持续指数

第四节　农村人居环境系统能值驱动因素分析

一、农村人居环境系统净能值量驱动因素分析

（一）结果分析

本节使用改进的 IPAT 模型为基础,选择平均迪氏指数方法 LMDI Ⅰ 的加法模型来分解农村人居环境能值系统净能值量的驱动因素,利用公式 6.3 - 6.13,测算出 2006—2015 年和田地区农村人居环境净能值量的分解结果(表7 - 1,图7 - 23)。

表 7 - 1　和田地区农村人居环境系统净能值量驱动因素分解结果　单位:sej

年份	C	E	G	POP	总效应
2006	7.90E + 20	- 1.23E + 22	1.05E + 22	2.25E + 21	1.22E + 21
2007	7.30E + 20	- 1.25E + 22	1.16E + 22	1.82E + 21	1.71E + 21
2008	5.92E + 20	- 2.27E + 22	2.20E + 22	1.81E + 21	1.71E + 21
2009	3.30E + 21	- 1.77E + 22	1.05E + 22	3.12E + 21	- 7.64E + 20
2010	1.13E + 21	- 1.47E + 22	9.60E + 21	5.54E + 21	1.61E + 21

续表

年份	C	E	G	POP	总效应
2011	5.84E+21	−1.55E+22	1.42E+22	2.40E+21	6.96E+21
2012	5.18E+21	−1.47E+22	1.36E+22	3.25E+21	7.31E+21
2013	6.00E+21	−1.15E+22	1.10E+22	2.19E+21	7.65E+21
2014	1.17E+21	−1.76E+22	1.24E+22	7.36E+21	3.43E+21
2015	8.45E+20	−9.59E+19	1.36E+22	4.83E+21	1.92E+22
合计	2.56E+22	−1.39E+23	1.29E+23	3.46E+22	5.00E+22

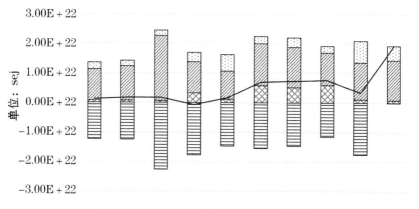

图7-23 2006—2015年和田地区净能值量的四种驱动因素

结构因素、经济因素和人口因素是和田地区农村人居环境净能值量增
加的主要驱动因素。2006—2015年结构因素、经济因素和人口因素共导致
净能值量增加1.89×10^{23} sej,实现了378.29%的增长。其中经济因素是拉动
净能值量增长最大的因素,共产生1.29×10^{23} sej的净能值量增长,占增长的
258.04%,表明在其他因素不变的情况下,经济因素的增长导致农村人居环
境净能值量年均1.29×10^{23} sej的增长。人口因素在10年间对净能值量的
增长贡献排在第二位,共产生3.46×10^{22} sej的净能值量增加,占增长量的
69.11%,表明在其他因素不变的情况下,人口因素的增长导致农村人居环境
净能值量年均6.46×10^{21} sej的增长。结构因素在所有驱动因素中排在第三

位,2006—2015 年结构因素导致农村人居环境净能值量增长 2.56×10^{22} sej,增长了 51.14%,表明在其他因素不变的情况下,结构因素的增长导致农村人居环境净能值量年均 2.56×10^{21} sej 的增长。

效率因素是抑制净能值量增长最大的因素,2006—2015 年共减少 1.39×10^{23} sej 的净能值量,占增长的 -278.29%,表明在其他因素不变的情况下,效率因素的增长导致农村人居环境净能值量年均 1.39×10^{22} sej 的减少。

(二)驱动因素分析

和田地区的农村人居环境净能值量驱动因素有着鲜明的特色,这与和田地区的产业结构、人口结构以及能值结构密不可分,使得驱动因素的结果具有地域性特点。

(1)经济因素是农村人居环境净能值量增加的最大驱动因素,原因在于和田地区的经济发展基础较差,2015 年全地区 GDP 总产值仅为 234.05 亿元(以 2015 年现价计算),人均 GDP 较低。经济总量低表现在能值投入上就导致净能值量的值很低。根据边际效用递减原理,由此一来经济发展带来的边际效用就很大,只要不断发展经济必定会使净能值量有较大的增加,经济发展拉动的地区能值需求,无论工业、农业还是第三产业的发展,都将导致农产品产值的提高,或者不可更新资源投入的增加,抑或外部投资的增加。因此在和田这样一个落后的以农业为主的地区,大力发展经济在近期是边际效用递增的手段。

(2)人口因素在 10 年间对净能值量的增长贡献排在第二位,对农村人居环境净能值量的拉动作用占比不高。原因在于和田地区虽然有着很高的人口自然增长率,2015 年末达到 17.51‰,远远高于全国平均水平(5.8‰),但是人口结构与人口素质造成了人口因素驱动能值投入的能力是有限的。第一,和田地区以农业为主,2015 年农业人口为 1705883 人,占全部人口的 73.39%,贫困人口有 504459 人。庞大的农业人口群体使得系统的净能值结构以农产品和农业辅助能投入为主,能值投入为初级生产所必需的能值流。第二,和田地区的人口民族构成以维吾尔族为主,2015 年占全地区人口比例达 96.72%,其中贫困人口比例高。大部分维吾尔族分布在农村从事第一产业,生活习惯与生产习惯与汉族都有很大不同,受教育水平有限,很难转移从事能值水平高的产业如工业和服务业。

(3)结构因素在所有驱动因素中排在第三位,表示外部资源的输入带动了整个系统的经济活力,但是拉动作用有限。由第六章第一节中可知,C 为能值自给率 ESR 的倒数,即 C = 1/ESR。结构因素 C 的增加表示和田地区的输入能值在不断增长,虽然这也说明和田地区在逐渐摆脱过于依赖本地资源的投入,但更能说明和田地区越来越依赖外部支援。2012—2015 年的数据显示,援疆工作会召开以后援疆到位资金总计达 109.07 亿元,再加上国家预算内拨付资金,远超和田地区统计的外贸进口额。然而如此多的外部输入能值对净能值量的拉动作用相对不明显,说明援助资金已经对地区经济产生积极的影响,但仍需更多时间才能发挥更大的作用。

(4)效率因素成了减少净能值量的最大因素。E 表示每产出一单位的GDP 所使用的资源投入能值量,E 值越低说明投入资源所产生的收益效率越高。因此效率的提高减少了净能值量,即能值投入量。但这并不表明应该降低效率,因为降低效率所导致的净能值量的增加是无效与浪费的,不能因为净能值量数量上的提高来降低效率。近年来由于外部输入能值的增加,和田地区的资源利用效率有所提高。而某种因素如技术进步的改变,才会导致社会生产同样 GDP 的情况下需要投入的资源变少。因此在提高效率的情况下,增加的净能值量才是有效能值。

二、农村人居环境系统能值可持续指数驱动因素分析

(一)结果分析

本节同样使用改进的 IPAT 模型为基础,选择平均迪氏指数方法LMDI I的加法模型来分解农村人居环境能值系统可持续指数的驱动因素,利用公式 6.14—6.27,测算出 2006—2015 年和田地区农村人居环境能值可持续指数的分解结果(表 7-2)。由于能值可持续指数 ESI 越低,说明系统的可持续性越强,所以本部分从数据的正负角度讨论五种驱动因素对于 ESI 的促进或是抑制,再从意义方面加以说明。

表 7-2 和田地区农村人居环境系统能值可持续指数驱动因素分解结果

年份	H	P	I	E	T	总效应
2006	-0.54	-5.54	-16.40	0.31	-1.05	-23.23
2007	-0.04	-4.50	-6.95	0.33	-1.06	-12.22
2008	-0.03	-6.88	0.71	0.54	-0.53	-6.19
2009	-0.87	-2.35	-13.53	0.16	0.86	-15.72
2010	-0.61	-1.49	-0.69	0.10	-0.63	-3.33
2011	0.48	-1.50	-5.95	0.16	-1.40	-8.21
2012	0.26	-0.85	-1.85	0.12	-0.82	-3.15
2013	0.24	-0.48	-1.22	0.09	-0.57	-1.94
2014	-0.14	-0.43	0.37	0.07	-0.16	-0.29
2015	0.47	-0.44	-0.15	0.83	-0.43	0.27
合计	-0.79	-24.47	-45.66	2.70	-5.80	-74.02

从表 7-2 可以看出,每个人所拥有的净能值量 H,劳动力因素 P,外界输入能值的投资回报率 I,以及技术因素 T 是抑制能值可持续指数增长的主要因素。2006—2015 年,共实现了能值可持续指数 103.65% 的减少。其中投资回报率 I 是抑制能值可持续指数增长最大的因素,共产生 45.66 的农村人居环境能值可持续指数负增长,占减少量的 64.69%,表明在其他因素不变的情况下,投资回报率的减少导致和田地区能值可持续指数年均 4.57 的减少。劳动力因素在 10 年间对能值可持续指数减少的贡献排在第二位,共产生 24.47 的能值可持续指数减少,占减少量的 33.06%,表明在其他因素不变的情况下,劳动力因素导致农村人居环境能值可持续指数年均 2.44 的减少。技术因素在所有驱动因素中排在第三位,2006—2015 年技术因素导致和田地区能值可持续指数减少 5.8,减少 7.83%,表明在其他因素不变的情况下,技术因素导致和田地区能值可持续指数年均减少 0.58。每个人所拥有的净能值量对能值可持续指数的减少作用有限,2006—2015 年每个人所拥有的净能值量导致和田地区能值可持续指数减少 0.79,减少 1.07%,表明在其他因素不变的情况下,每人拥有能值量导致农村人居环境能值可持

续指数年均 0.08 的减少。

环境因素是增加能值可持续指数的最大因素,2006—2015 年共增加 2.7 的能值可持续指数,占减少量的 −3.65%,表明在其他因素不变的情况下,环境因素导致和田地区能值可持续指数年均增加 0.27。

(二)驱动因素分析

和田地区能值可持续指数的驱动因素有着鲜明的特色,这与和田地区的自然条件、投资结构以及能值结构密不可分,使得驱动因素的结果具有地域性的点。

(1)I 在很大程度上减少了可持续发展能值指数。I 代表外界输入能值的投资回报率,I 越大,说明外界输入能值有着较高的利用率。为什么投资回报率的降低反而会导致能值可持续指数的降低,原因在于和田地区外界输入能值大部分都是国家援助资金,即 IMP 的增加在有限的范围内带动了经济发展,增加了国民生产总值,体现在 I 中即投资回报率的降低。由此可见,外界输入能值的增加即投资回报率的降低,虽然对经济发展带动作用还需加强,但大大减小了能值可持续指数,对和田地区的发展是有利的。

(2)劳动力因素 P 也对能值可持续发展指数有着抑制作用。P 表示每产出一单位的财富(GDP)所使用的劳动力的投入量,代表了劳动生产率,该值越低说明劳动力所产生的收益效率越高。虽然和田地区人口结构有着农业人口多、贫困人口比例大、人口受教育程度低等特征,但是由于近年来的发展,社会生产同样 GDP 的情况下需要劳动力变少,最终减少了能值可持续发展的数值,对农村人居环境可持续发展产生了积极作用。

(3)技术因素在很小范围内抑制了能值可持续指数的增加。T 是不可再生资源与外界输入能值密度的倒数,用来衡量农村人居环境系统的非可再生能源密度。和田地区技术水平相对较低,技术水平越发达才会有越多的不可再生资源的投入。不可再生资源的投入量有限,2015 年第二产业产值仅占全地区国民生产总值的 14.83%,因此和田地区的技术水平对能值可持续指数的抑制作用有限。

(4)个人所拥有的净能值量对能值可持续发展指数的减少作用微乎其微。社会和经济越是发展,H 的值就越高。虽然个人拥有净能值量的增加对增加个人福利是有益处的,但是对能值可持续发展起到反作用。和田地区本身净能值量处于较落后的水平,为了平衡个人福祉与生态经济系统的可持续发展之间的关系,在和田地区应该首先提高个人拥有净能值量的水平,因为 H 的增加对能值可持续指数的拉动作用是有限的。

(5)环境因素对能值可持续指数有轻微的拉动作用。每年的可更新自然资源能值总量基本稳定,增加的只是本地可更新资源能值的部分,即农产品产量的增加。虽然 2005—2015 年农产品能值由 1.02×10^{22} sej 增加到 2.89×10^{22} sej,增长了 1.83 倍,但是对能值可持续指数的增加只起到了 2.7 的增加值。这说明和田地区的自然资源使用对环境的破坏作用不明显,在保持可持续发展的情况下,依然应该利用自然资源产生的效益。

第五节　本章小结

本章使用能值计算的理论方与法,以 2005—2015 年和田地区农村人居环境能值代谢系统为基础,分析了能值代谢构成与复合指标评价,同时对和田地区农村人居环境系统净能值量驱动因素和能值可持续指数驱动因素进行分析。

1. 对农村人居环境系统的整体能值分析结果

(1)和田地区的能值水平较低,净能值量(U)与总能值量(UT)总体呈现波动中逐渐增长的趋势。虽然可更新资源能值占比较大,但不可更新资源能值与其处于一个数量级,与 GDP 相比说明不可更新资源能值的投入并没有产生相应的产出,说明在和田地区虽然使用了很多不可再生资源,然而都停留在原始的能源使用阶段,如原煤、水泥、电力等,没有很好地转化为高附加值产品。整个地区依然是以农业生产为主的农村人居环境系统。

(2)从外界输入能值的结构来看,其增长主要依靠国家拨付资金、招商引资以及援疆资金。从能值外向度(EER)与能值自给率(ESR)也可以看出,和田地区外界输入能值主要依靠中央财政拨付与援疆资金,进出口能值占比较小,既不属于自给型经济,又不属于出口型经济,同时经济体系独立性较差。国家对和田地区的资金支持发挥了一定作用,促进了农村人居环境系统的经济发展。

(3)产出能值量经历了"上升—下降—上升—平稳"四个阶段,和田县的产出能值占和田地区产出能值的最大比重,原因在于和田县有目前和田地区最大的喀拉喀什河波波娜水电站,其发电量能值占比较高,其他县市的产出能值均维持在较低水平。

(4)从空间分异上来看,和田地区内部各县市的差异明显,工业化进程缓慢,总能值量呈现两极分化的态势。和田地区的能值货币比虽然有所下降但依然很高,表明和田地区的农村人居环境系统经济发达程度低,可以使用很多具有公共产品属性的自然环境产品。

(5)各项效率指标表明,2005年以来和田地区的经济发展由依赖本地能源投入的低投入低产出,逐年转变为更加合理的投入产出水平,但依然摆脱不了以本地资源为主的经济模式。资源使用逐年增加,越来越多的不可更新资源转化为初级工业产品,或反馈本地生产,或输出地区外使用,同时废弃物排放于系统内。

(6)研究期的废弃物能值呈现出逐年增多的态势。和田市作为和田地区的中心城市几乎承载了整个地区全部的环境压力,这对于脆弱的农村人居环境来说需要加强完善区域的废弃物处理措施。

(7)能值可持续指数持续下降,环境负载率较低,整个农村人居环境系统虽然在不断优化,但依然处于发展中阶段,仍然属于典型的以农业为主的生产系统。

2.对农村人居环境系统净能值量驱动因素和能值可持续指数驱动因素的分析

(1)净能值量(U)中的经济因素与能值可持续指数(ESI)中的劳动力因素互为倒数。经济因素是拉动净能值量增长的最大因素,累计产生1.29×10^{23}sej的净能值量增长;劳动力因素在10年间对能值可持续指数减少的贡献排在第二位,共产生了24.47的能值可持续指数减少。因此大力提高人均生产总值与提高劳动生产率,既能够增加地区净能值量,也能够减小能值可持续指数的数值,对于经济发展与生态环境的可持续发展来说是有利的。

(2)人口因素对净能值量的拉动作用不明显。人口数量的增加并没由明显拉动净能值量的增加,和田地区对人口因素的调整重点在于增强人口的素质,加大教育投入力度,调整三次产业人口比例,贫困人口的脱贫致富等方面。

(3)净能值量(U)中的效率因素、结构因素与能值可持续指数(ESI)中的投资回报率相关。效率因素是减少净能值量的最大因素,外部输入能值的增加导致和田地区的资源利用效率有所提高。结构因素的正效应表示外部资源的输入带动了整个系统的经济活力,但是拉动作用有限。外界输入能值的增加虽然对经济发展的带动作用还需加强,但也大大提高了能值可持续指数的减少,对和田地区的发展有利。虽然如此多的外部输入能值对净能值量的拉动作用相对不明显,但国家仍然需要对和田地区进行援助,同时应提高投资与援助资金的使用效率,使其持续发挥作用,逐渐对和田地区的经济产生带动拉动作用。

(5)技术因素与环境因素在很小的范围内对能值可持续指数有抑制与增加作用。一个很重要的原因在于和田地区的国土面积广阔,无论是可更新资源还是不可更新资源的增加,在大面积的基础上影响作用都将被稀释。因此在保持可持续发展的情况下,依然应该充分利用不可更新资源与自然资源产生的效益。

第四篇
乡村振兴与农村人居环境绿色发展

第八章
优化乡村振兴路径思考

——基于中西方国家乡村发展评价

农村人居环境建设必须置于乡村振兴的大背景下考虑,而不是单纯地把农村人居环境建设等同于改善农村的公共基础设施。因此本章回归理论视角,从乡村振兴的宏观战略视角出发,从理论上对农村发展路径优化策略进行分析。

第一节　乡村振兴的学理基础

改革开放 40 多年来,我国社会经济取得长足发展,国内生产总值由1978 年的 3678.7 亿元增长到 2021 年的 1133239.8 亿元(不变价),城市化率由 1978 年的 17.92% 提高到 2021 年的 64.72%。然而伴随城镇化、工业化的快速推进,同时受城乡二元分治的长期影响,城乡地域结构、产业结构、就业结构、社会结构等发生了显著的变化,中国乡村人口老弱化、土地空废化、产业滞后化、环境污损化(刘彦随,2018),以及"城进村衰"的困境愈演愈烈。农村空心化、农业边缘化和农民老龄化等新"三农"问题(龙花楼等,2018)已成为制约我国高水平全面建成小康社会、高水平推进社会主义现代化建设的关键因素。为破解此类制约因素,党的十九大提出实施乡村振兴战略。

乡村发展中遇到的问题并不是我国独有,总结先行国家的发展历史可以发现,各国在工业化、城镇化快速发展阶段都曾面临诸如环境恶化、乡村发展内生动力不足、农业竞争力下降等乡村衰落问题。20世纪中后期,以英国、法国、德国等为代表的西方发达国家积极探索乡村转型重构之路,革新发展理念、制定综合发展政策,使其乡村得以振兴。就乡村发展模式而言,虽然不同国家之间存在共通之处,如应对环境污染、激发乡村发展活力等问题,但在政治体制、资源禀赋等方面也存在诸多差异。即便如此,西方发达国家的乡村发展仍较为完善,借鉴发达国家经验,全盘谋划、发挥后发优势,对我国乡村发展意义重大。

目前,国内乡村发展的主流理念与主流模式主要脱胎于西方理论(吴重庆等,2018),而将西方国家乡村转型发展的成功经验视为普适化经验有三点弊端:其一,片面总结,不能从历史纵深探查特定区域乡村发展的理论背景及理论成因,导致引进的理念"水土不服";其二,多未摒弃畸重畸轻的发展经济学理论中乡村作为附属角色的理论假设,单向为城市服务成为乡村发展的驱动因素;其三,乡村发展理念与发展模式千篇一律,湮灭了区域乡村发展的理论潜力。这些弊端造成的结果无疑损害了与城市具有相同发展权的乡村的发展。鉴于此,本书梳理了第二次世界大战后西方国家乡村发展的相关研究,理清其乡村发展理念、行为主体、驱动力等方面的历史脉络及背景成因,重点探讨基于乡村发展政策、乡村发展机制、行为主体及驱动力视角的西方乡村发展,指出西方乡村发展过程中体现的多功能理念、网络发展模式等重要指向,以及存在粮食安全、行动者网络、区域发展差异等若干问题。并在此基础上总结梳理了新中国成立以来我国乡村的发展脉络,总结中西方乡村发展的重要差异,提出适合我国的发展思路,希望能对我国乡村发展研究及乡村振兴战略的实施提供参考价值。

在本章交替使用"乡村"与"农村",需要在此厘清两者的联系与区别。传统乡村以农业产业为主,因此人们将"乡村"与农业联系到一起,即"农村"。随着乡村区域不断发展,部分劳动力逐渐从农业生产中转移出来,农业在乡村发展中占据的份额有所降低,此时"农村"称谓变得狭隘。但在理论研究中,"乡村"与"农村"所指的是同一个概念。本章中,乡村被认为是一种区域的范畴,不同于赫德伦(Hedlund)和伦德霍尔姆(Lundholm)(2015)用人口密度及人口数量定义乡村的方式,而是倾向于石忆邵(石忆邵,1992)对乡村的定义,乡村是"介于城市之间,由多层次的集镇、村庄及其所管辖的区域组合而成为空间系统"。从行政区划上讲,本书定义乡村为县城以下行政单元,包括镇(乡)及其所辖地行政村及自然村。因此本章在国家政策和学术惯用处用"农村",其他处一律使用"乡村"。

第二节　西方国家乡村发展的历史脉络

一、乡村发展的理念演进

根据粮食生产功能的强弱划分,乡村发展的理念先后经历了生产主义、后生产主义和多功能主义三个阶段(见图 8 – 1)。

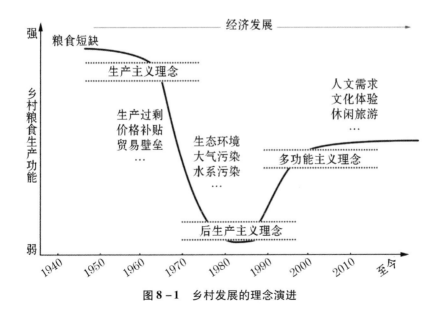

图 8 – 1　乡村发展的理念演进

生产主义理念,萌芽于第二次世界大战后期,20 世纪 60 年代达到顶峰。第二次世界大战前期,乡村及农业形式出现变化,政府鼓励土地产权的集中,劳动力大量外流;战后,立足于经济落后与粮食短缺的时代背景,粮食生产成为美国、澳大利亚等国家和区域乡村发展的动力,生产主义得以出现与发展(Evans 等,2002)。20 世纪 60 年代,西方各国普遍启动以提高产量和生产力为目标,依靠政府支持形成集约化、工业化和扩张化农业,实现区域农业现代化的农业发展项目,该类举措进一步巩固了生产主义理念(Lowe 等,1993)。彼时,由于学界近乎将乡村研究简化为农业研究,有关农业生产的研究较为兴盛而其他乡村研究极为薄弱(石忆邵,1992)。生产主义政策模式下,乡村繁荣多依赖农业现代化及其经济效益,但实践证明,仅依靠大量生产农产品以及政府大肆补贴促进乡村发展不是长效机制。加之出现的全球化压力、过度生产、农产品价格过低以及农业补贴的不可持续,使人们对这一问题有了更深的认识(Potter 等,2005;Marsden 等,1993)。这一时期,农业形势堪忧,乡村景象萎缩等不利状况直接威胁到乡村社会的可持续发展(陶陶等,2004)。生产主义的弊端使人们认识到,乡村的繁荣是一个多维度协调发展的过程(Rivera 等,2017)。

后生产主义理念诞生于 20 世纪 70 年代末,随后演变出多功能主义。20世纪 70 年代末,农业生产出现可持续化、分散化、可协调化及追求农产品质量等转向,研究者把这种理念称为后生产主义(Marsden 等,1993;Bardhan 1993;Halfacree 1997)。部分学者反对用"后生产主义"对这一变化作界定,认为此种二元论思想不利于乡村研究的深入,主张利用学界已有的理论去解读乡村变化,如生态现代化理论、规制理论,行动者网络理论等(Evans 等,2002;Wilson 2001;Walford 2003;Cox 等,1986),但是这两种分异观点皆源于对粮食生产单极化乡村发展理念的摒弃。在生态环境问题凸显的大背景下,生态现代化思想演化出介于生产与后生产之间的中庸乡村农业发展框架,即多功能主义(Brouwer 等,2009;Wilson 2008;Wilson 等,2015)。20 世纪80 年代中期,一些欧洲国家的政策制定者开始认识到,家庭农场可以通过农业的附带功能(包括生物多样性、农业景观、文化遗产等)实现收入的多样化(Potter 等,2005)。发轫于此,加之后现代与后结构主义思想的批判与解构,以美国、欧洲为代表的发达国家和地区开始从"农业多功能性"出发推进乡村及农业的转型发展（Cairol 等。2009）。致力于欧洲乡村发展的欧洲共同农业政策（Common Agricultural Policy）将多功能主义作为指导思想（Potter等,2005），进一步加快了多功能导向政策的实践进程。

如今多功能主义已成为世界各国尤其是西方国家发展区域乡村的共识，并持续塑造着区域乡村及农业景观，引导着乡村及农业发展的大方向。由于经济基础的巩固及社会福利的完善，欧洲国家对乡村景观、自然环境的诉求愈发强烈，对农业提供多种功能的渴望也与日俱增，传统农业向农业多功能模式过度成为必然（Jongeneel 等,2008）。德国针对本国国情，提出"综合农业"发展战略，强调乡村与农业资源、社会经济与生态环境的协调发展（曾哲,2020）。而荷兰、比利时、法国等西欧传统农业大国更是坚信"农业多功能性"是乡村未来发展的重要目标（Huylenbroeck and Durand 2003）。同时，因农业多功能性研究的深入，有学者甚至摒弃以往基于政府政策或 WTO框架下的农业多功能性划分（Wilson,2008），尝试从农场层面等微观视角对农业进行功能性划分，认为这样更有助于农业系统的发展及农业经济效益的维护，以促进乡村更好的发展。事实上，农业生产的环境问题严重依赖农场、地方和区域，直接针对个别农场管理的政策手段不断增多（Commission,2013），这是一种历史趋势（Heckelei,2016）。

二、乡村发展的机制及行为主体变化

受乡村发展理念的影响，乡村发展机制经历了自上而下的外生式发展、自下而上的内生式发展，以及内外生综合的网络式发展三种阶段，与之对应的行为主体分别为政府和大型企业，乡村社区以及社会各方多元主体（图8－2）。

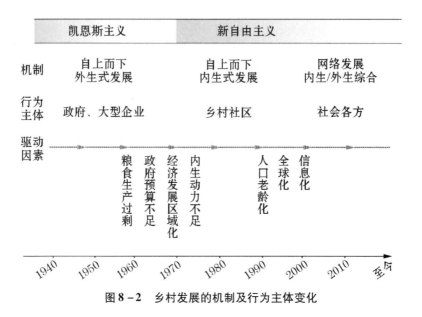

图 8-2 乡村发展的机制及行为主体变化

生产主义框架下,强有力的国家结构被视为乡村经济繁荣的必要条件,因此乡村发展主要依靠自上而下的政府决策,由此经历了自上而下的外生式发展阶段。在区域现代化与工业化过程中,粮食生产是乡村最重要的功能,这从多数国家的发展历程可得到验证。以英国为代表的西方发达国家也不例外,从 20 世纪 30 年代开始,农业的商品化和工业化便受到政府的推动,乡村被比作"国家农场",而农民是这一体制下政策的服从者(Murdoch,2006)。但由于政府干预计划大都建立在价格及收入支持的基础之上,和关税与贸易总协定(世界贸易组织的前身)的自由竞争原则相矛盾,遂逐渐受到质疑。彼时基于粮食及生计需求驱动的乡村及农业发展计划的成功也导致了外生式发展的失败:生产强度的上升,农产品产量的提高,乡村资本的增加,同时造成了乡村环境污染、各国间的贸易壁垒、政府预算和食品安全问题等(Bowers 等,1983;Lowe 等,1986)。

20 世纪 70 年代后,政府与市场角色担当的讨论不绝于耳,乡村发展受新自由主义、可持续发展等理念的影响,逐渐不再囿于政府计划。政府则由以往的支持提供者和唯一决策者转变为各乡村建设参与方的协调者与管理者(Cloke 等,2000;Marsden,1998;Wilson,2004)。乡村发展更加强调合作关系与地方参与,发展成功的要素被认为是私营部门,而非公共部门(Murdoch,2000),因此发展机制逐渐转向自下而上的内生式发展。与此同时,就外生式发展与内生式发展的争论也相继展开(Ploeg 等,1995;Ploeg 等,1994)。外生式发展是一种自上而下驱动发展的模式,其主导下的乡村及农业发展主要依靠国家扶持及大型企业的帮助(Terluin,2003),内生式发展则是一种强调行动者参与的自下而上的驱动发展模式(Parker,2002)。当然,割裂式的自上而下或自下而上的发展效果往往皆不尽如人意(Liu,2017)。

20 世纪 90 年代起,西方国家的乡村发展政策逐渐转向综合维度,不但强调不同经济部门之间的相互联系,而且强调经济增长、社会发展和环境保护各过程之间的相互依存。综合的乡村发展政策此时起业已成为欧盟乡村发展政策的核心(Commission,1997)。针对人口流失的欧洲区域,达克斯(Dax)和斐屈(Fischer)认为未来的区域发展必须超越只强调经济增长的战略,而必须把解决地方参与、社会创新和建立信任等问题融入发展战略中,以便拓宽发展的福祉维度(Dax T,2017)。麦卡兰德(Macleod)研究发现,最具活力的经济区域是由创新集群组成的,其中网络、规范、惯例、基于信任的合作和平等互惠的关系是最重要的因素(Macleod,2001)。这与乡村综合发展的理念不谋而合,即介于内生式发展与外生式发展之间的"第三条"乡村发展路径——网络发展理论(Murdoch,2000)。全球化背景下,乡村发展需要联合各个层级的力量(Woods,2007),为实现此目标,西方学界从不同视角阐述了不同的网络发展系统,如"公共政策网络""多部门网络""利益相关者网络"以及发展较快的"公私合营网络"(Backstrand,2006;Streck,2002,Bjärstig 等,2017)。放弃了二元发展思想的网络发展理论超越了内部驱动与外部驱动相割裂的发展理念(Murdoch,1995),为丰富乡村发展主体,促进乡村转型发展提供了更好的决策支持。

近些年,乡村发展中的文化转向(Cloke,2006)持续塑造着乡村及其农业的面貌。韦雷杰肯(Vereijken)等在谈及多功能农业时考虑到乡村粮食生产中心性的丧失,主张通过多功能性范畴内的生产、生态、社会及美学功能为乡村创造更多的发展资源,这其中所谓的社会及美学功能便是一种文化转向(Vereijken 等,2005)。哈灵顿(Harrington)对美国的研究发现,人们对乡村的依恋,或称乡愁,不仅针对空间中的某一特定地点,有时也脱离地点,而这种情结塑造了相关的乡村农业、房地产业及社区等(Harrington,2018)。此外,乡村社区研究、第二寓所研究(Second Homes)及目前如火如荼的乡村旅游研究等也与文化转向有密切的关系,进而影响乡村及农业发展政策的制定。

第三节　西方国家乡村发展的指向与评价

一、西方国家乡村发展的重要指向

回顾西方国家乡村发展的历史脉络,随着经济发展理念从凯恩斯主义转向新自由主义,乡村发展也指向网络式发展模式下的多功能主义。

在凯恩斯主义时代,乡村发展主要依靠政府强有力的财政支持,政府对乡村发展有着绝对的话语权。但是基于权力的决策安排往往忽视当地的实际情况及需求,乡村发展依赖政府自上而下的发展方式,结果并不尽如人意。乡村发展逐渐转向新自由主义影响下的以市场为导向的转型发展之路,这一发展历程重构了农业与乡村的关系,将乡村从"国家农场"的角色担当中释放出来,乡村发展决策主体也因此变得多元化。随着市场地位的确立及全球化的到来,乡村发展系统变成一个更为错综复杂的系统,片面的采取自上而下的外生式发展或自下而上内生式发展都不足以引导乡村与区域乃至全球的良性互动,"网络发展"理念应运而生。伴随城市与乡村关系的多元化趋势,西方国家乡村的发展不但依靠为城市提供农业产品,而且产生了新的增长点,如乡村旅游业、都市农业、迎合乡恋情结的房地产业以及其他生态、美学等服务产业,乡村的功能由单一走向多样化。

二、西方国家乡村发展评价

从公共服务、基础设施、就业等层面看,西方国家的乡村发展水平长期领先于我国,一些国家甚至早在 20 世纪 80 年代便已经实现乡村城市化、乡村工业化(Fothergill 等,1985;Newby,1986;Keeble 等,1995)。由于前期资本积累历史的不可复制性(温铁军,2009),其发展模式不能完全照搬到我国。纵观第二次世界大战后西方乡村的发展历史,以下几点可供我国借鉴:多功能理念引导下的乡村多元发展模式,内外结合助力乡村重构的网络发展模式,以及注重环境保护、迎合文化诉求的发展模式。但其发展也有若干问题需要我国注意。

其一,近年来,多功能理论范式推动着西方乡村的发展,但在新自由主义大背景下,资本与权力的结合逼迫粮食生产趋于次要地位,整个西方世界粮食安全建立在少数几个农业大国的粮食框架下,这对一些农业较弱的国家而言无疑是潜在的粮食安全威胁。

其二,在乡村现代化过程中,农业产业化、自然资源开采和乡村输出市场的全球化导致了城乡之间社会契约的丧失,失去了社会对乡村地区和乡村聚落的重视(Morriso 等,2015),乡村生产单元跳过本地居民,直接与城市发生物质、能量和信息流动,使得本地社区功能退化,这种城乡间契约关系的丧失,使得一些地区乡村生计不断减少。青年人往往迁居至城市,谋求发展空间,而年迈者及低劳动技能者留在乡村。青年主体的丧失,导致区域行动者网络不完整。

其三,西方国家的乡村发展并非一帆风顺,更非每个区域皆无可挑剔,无论是乡村转型重构还是乡村生计拓展都仍是他们亟待解决的要务。乡村及农业发展是建立在国家强大的政策资金支持下的,具备足够内生动力的区域被国内研究放大,而内生动力不足与城市差距不断扩大的区域被掩盖在光鲜之下。

第四节　新中国成立以来我国乡村发展脉络

对比梳理新中国成立后我国乡村发展历程与西方乡村大农场发展模

式,不同的是西方乡村农业以农场为主,我国乡村以小农经济为主。国内学者对发展阶段的划分大同小异,主要分为五个阶段(赵颖文等,2019;蒋和平等,2019)。

(一)发展起步期(1949—1978年)

新中国成立至1978年为我国乡村的发展起步期,此阶段我国乡村发展理念以集体经济为主,其中经历了土地改革(1949—1952年)和家庭经营为基础的合作经营阶段(1953—1958年),农业发展主要目标为农业现代化和机械化。为了支持其他生产部门而采取农业哺育工业的政策,因此提高粮食产量对当时我国经济的发展意义重大。1949年我国粮食产量仅为11318万吨,1962年稳定在15000万吨以上,1978年改革开放之初超过30000万吨。对比乡村发展理念,此阶段我国乡村为生产主义主导阶段,发展机制为自上而下的政府主导模式。

(二)制度改革期(1979—1993年)

1978年十一届三中全会是改革开放的起点。1982年中共中央第一个"一号文件"指出,"包产到户""包干到户"同其他形式的各种农业生产责任制一样,"都是社会主义集体经济的责任制","它不同于合作化以前的小私有的个体经济"。1984年延长土地承包期到15年以上,当年全国99.1%的农村基本核算单位普遍实行了"包干到户"。1993年八届全国人大一次会议通过的《中华人民共和国宪法修正案》第一次从根本上确立了家庭联产承包责任制的法律地位。至此,农业生产力得到释放,逐渐打破自上而下的政府主导模式,农户家庭和乡镇企业成为乡村经济的两个重要单元。

(三)深化改革期(1994—2003年)

1994年的中央农村工作会议文件中,"农村基本经营制度建设"被作为深化农村改革的第一项内容正式提出。随后的十年时间里,我国农村农业通过市场化、现代化,逐步激活与释放农业生产力。2002年通过法律明确了农村土地承包所有权的性质。此阶段我国农业依然是以生产主义理念为主导。

(四)体制转型期(2004—2011年)

农业税在我国财政收入中的占比不断减少,1950年农业税占当时财政收入的 39%,而 1979 年降至 5.5%。从 2004 年开始免征农业税试点,2005年 12 月十届全国人大常委会第十九次会议通过决定,自 2006 年 1 月 1 日起废止《中华人民共和国农业税条例》,实行几千年的农业税制度取消了。2004 年首次提出"统筹城乡发展"理念,2006 年提出建设社会主义新农村。此阶段我国乡村发展理念发生转变,不再只重视农业生产,而是兼顾经济、社会和生态等多方面,可以看作后生产主义的萌芽阶段。

(五)快速发展期(2012 年至今)

党的十八大以来,乡村发展进入攻坚克难时期。一方面,2011 年我国乡村仍然有 1.28 亿贫困人口;另一方面,农业生产力不断提高,新型生产主体不断变化,乡村土地流转机制不能适应农业迅速发展的要求。因此,国家陆续出台各项政策进行全面深化改革。例如,坚决打赢脱贫攻坚战,农村承包土地"三权分置",乡村振兴战略,农村人居环境整治行动等。这些政策进一步释放了乡村活力,促使乡村面貌焕然一新。此阶段我国乡村发展理念逐渐转向多功能主义。

第五节　优化我国乡村振兴路径的思考

我国乡村发展历经农业集体化、发展乡镇企业、乡村城镇化,乡村振兴仍然处于起步阶段,如今面临一系列问题。首先,土地流转呈现非农非粮化倾向。例如,政策鼓励的"美丽乡村"、田园综合体开发项目一定程度上变相为房地产开发项目,没有发展基础的区域大搞乡村旅游,为获取国家补贴,圈地种植生物燃料原料等。其次,20 世纪 1990 年代以后青壮年人口流失问题一直存在。城镇化过程中乡村人口总体在往城市迁移,中国城市化率从1990 年的 26.44% 持续上升到 2019 年的 60.60%。但乡村有大量留守老人和儿童,根据 2010 年人口普查数据,乡村中 15 – 59 岁年龄组人口有43648.91 万人,占全国 15 – 59 岁年龄组人口的 46.74%;60 岁以上人口有9930.33 万人,占全国 60 岁以上人口的 55.91%。乡村发展内生动力不足,社会结构脆弱,传统的乡贤治理体系被打破。最后,各地发展不均衡,整体上仍以小农经济为主,各类示范村由于前期选取条件的苛刻性,建设经验不能有效推广。

经过近半个世纪的发展,西方乡村与农业发展研究业已成为一个相对完善的体系,其政策研究也几经迭代,而目前我国的乡村发展处于一个重要的转型期,有必要学习西方先进经验,实现后发优势。同时,乡村发展水平、土地所有制、土地集约化程度、城镇布局体系、行政体制等方面的差异,也决定了我们应该审慎对待国外乡村发展模式,在借鉴基础上探索一条符合中国国情,具有中国特色的乡村振兴道路。

(一)正确协调粮食安全与发展政策的关系

某些区域采取农地非农化和非粮化,旨在通过牺牲乡村的农业生产功能来谋求社会经济发展和农民增收致富。但从粮食安全内涵与乡村发展理念的角度来说,这两者之间并非不能兼顾。我国新粮食安全观的核心内容包括谷物基本自给、口粮绝对安全,而联合国粮农组织对粮食安全的最新定义包含三个层次,即满足人类食品需求、营养健康需求和食品多样化需求。确保粮食安全在一定程度上包括了乡村全面发展,多功能理念驱动下的乡村发展并不意味着放弃粮食生产和自然资源开采活动,而是在原有功能之外同时发挥乡村景观功能,乡村社区生产、消费和保护等功能(Stork 等,2014)。乡村发展应充分落实多功能主义的发展思路,拓宽乡村发展路径。

18 亿亩耕地红线保障了我国粮食生产,根据《中国农业展望报告(2020—2029)》,2019 年我国三大主粮自给率达98%,保持着绝对自给。但农产品产业链各个环节不能很好衔接,进入市场大多是低水平上的商品流通,产品附加值低。主粮产区应健全现代化的农业全环节供应链,研发更多优良品种,同时发展农产品加工业,开发更多粮食产品。还有一些地方是特色花卉与林果的原产地,有丰富的自然资源,却没有形成优势产业。这类乡村在制定发展政策时需要充分利用优势资源,结合当地特色将农业产业融入乡村发展。

(二)处理好小农经济与农业现代化的关系

对西方乡村发展脉络进行梳理发现,为实现农业现代化,土地一般都经历了产权集中的过程。就我国而言,基于社会保障的考虑,政府对农地的管理采取家庭联产承包责任制。20世纪90年代以后,我国出现"以代际分工为基础的半工半耕"的中国特色小农经济结构(贺雪峰,2013;贺雪峰等,2015),即乡村青年劳动力外出务工而年老父母在家务农,外出务工收入以代际收入转移支付的方式回流乡村。

目前,由于对西方国家的片面研究,国内出现个别农村土地市场化、私有化的声音,认为该种方式有利于土地规模经营以实现农业现代化,这种认识需要我们警醒。有研究显示,西方国家在乡村现代化过程中并未完全实现土地规模化经营,即便少数国家实现,也是历史时期推进殖民化的产物(温铁军,2009)。中国特色小农经济成为我国社会稳定发展的重要因素,关键在于进城农民工依然保有之前农地的承包权,这一基础将长期有利于我国现代化建设。然而保留承包权的劣势在于农户承包经营的土地面积小而细碎,这与农业现代化所要求的大规模和机械化相冲突。因此,在农业现代化过程中应处理好农地产权问题,例如人均耕地少的地区通过非农产业提高农民收入,而人均耕地多的地区通过土地流转形成规模化农业。因势利导,才能发挥土地在不同条件下对乡村生计的促进作用,不能片面化和简单化。

（三）构建社会网络,提升乡村发展内生与外生动力

区域化与全球化背景下,乡村发展不再是孤立的事件,而应视为时空系统中多重要素共同作用的结果。无论是微观的社区系统,还是中观的城乡区域系统,抑或是宏观的全球系统,皆影响着乡村发展。网络发展理论揭示了乡村发展不仅依靠农业生产,而且应将乡村置于不同层次、不同种类的发展网络中,借助乡村非农产业的发展,实现农业与非农产业的互动协调,共同带动乡村社会经济发展。在乡村人口城镇化的大背景下,发展政策应更加关注乡村社区及行动者层面。同时,政府应合理利用行政与市场手段为乡村吸引人才,重视新乡贤作用,防止精英俘获。新中国成立以来,政府理性与村社理性成为我国乡村发展异于西方的两大比较优势(何慧丽等,2014)。新形势下,应有效发挥两种理性优势,提升内外动力,使乡村更好融入发展网络。

（四）重视因地制宜的差异化发展模式

不同的区位及自然本底决定了不同的发展路径，不同的发展政策造就不同的发展路径。无论是依靠制造业发展起来的美国乡村（Quigley，2002），还是通过优化土地生产力、平衡多目标，靠边缘土地发展的欧洲西北部乡村（Preissel 等，2017），都存在与其相适应的路径。我国自然环境种类多样，各地差异巨大，很难找到一个统一的农业发展模式。东南沿海地区部分乡村在先发优势理论的指导下，凭借政策和区位等优势取得良好发展，中西部乡村地区形势则相对落后，区域及地方城市辐射能力不足的区域俯拾皆是。我们需要针对不同区域做出相匹配的政策供给，针对不同区域开发相适合的发展模式。例如，东北和西北土地面积大，可学习美国模式发展大农业；西南山区耕地碎片化，可根据具体情况发展小规模农业经营。

第九章
乡村振兴政策下农村生态环境治理研究

党的十九大报告中提出乡村振兴战略,强调农村生态环境治理是事关乡村振兴战略实施的关键环节。我国乡村环境存在污染来源多样化的特征,农业生产、生活、工业与外源性污染导致水、土、大气、固体垃圾污染。农村生态环境治理存在城乡环境治理不平衡、城乡环境治理体系不健全、经济与社会条件的制约、乡村居民环保意识不强等多方面因素。加强农村生态环境治理应多管齐下,加强政策引导和支持,加大监管与服务力度,实施一批环境修复重大工程,发挥乡村主体作用。

乡村生态环境是国家生态文明建设的重要组成部分。习近平总书记强调"绿水青山就是金山银山",党的十九大报告提出乡村振兴战略,强调从"产业振兴、人才振兴、文化振兴、生态振兴、组织振兴"五个方面全面推进。2018 年中央一号文件中提出,要推进乡村绿色发展,打造人与自然和谐共生发展新格局。中办、国办印发《农村人居环境整治三年行动方案》。与城市相比,农村生态环境治理总体滞后、任务艰巨,加强农村生态环境治理对实现乡村振兴战略显得更加重要和紧迫。

第一节　现阶段我国农村生态环境
呈现污染源多样化

一、农业生产污染

2005 年以来,我国化肥、农膜和农药使用量逐年增加,2005—2015 年增加了 15.5%—47.8%(见表 9-1),2015 年经过治理后有所缓解,各使用总量均有所减少。2020 年全国第三次国土调查发现,耕地面积守住了18 亿亩红线。在耕地面积减少的同时,化肥等单位使用量却没有减少。其中,按全国第三次国土调查的耕地面积计算,2020 年化肥使用量达到410.65 千克/公顷,是发达国家设置的安全上限(225 千克/公顷)的 1.82倍。过量使用化肥等对土壤与水体产生污染积累。地膜残留与秸秆焚烧也对环境产生污染积累效应。农药过量、超标使用会使物质残留在土壤与水体中,对环境与农产品造成污染。农村畜牧业集约化发展带来粪便和产品加工等污染,雨水冲刷作用下对地表地下水产生影响。土壤污染具有复杂、持久、来源广、防治困难等特点,其危害比大气污染与水体污染更为持久、影响更为深远。

表 9-1 2011—2020 年我国化肥、农膜、柴油和农药使用情况 单位:万吨

指标	2011	2012	2013	2014	2015	2016	2017	2018	2019	2020
化肥施用量(折纯量)	5704.2	5838.8	5911.9	5996.4	6022.6	5984.4	5859.4	5653.4	5403.6	5250.7
农用塑料薄膜使用量	229.5	238.3	249.3	258	260.4	147	143.7	140.9	137.9	135.7
农用柴油使用量	2057.4	2107.6	2154.9	2176.3	2197.7	2117.1	2095.1	2003.4	1934	1848.2
农药使用量	178.7	180.6	180.2	180.7	178.3	174	165.5	150.4	139.2	131.3

数据来源:历年中国农村统计年鉴。

二、工业污染

随着用地成本增加,一些企业向近郊或农村转移,在生产过程中产生大量的工业"三废",直接排入乡村环境,造成污染源急剧增加。工业园区向城

郊农村转移,带来污染物超过乡村自净能力。矿业开发产生尾矿、尾渣、废水、粉尘等对河流、空气、植被造成破坏。农产品加工企业产生废水、废弃副产品,如谷壳、笋壳、果皮、果核,禽畜产品加工产生内脏、毛、血等固体废弃物和各类废水,这些废弃物不经处理排入乡村环境,会引起严重的污染问题。

三、生活污染

据统计,乡村居民日常活动产生的垃圾大约为 1.0 千克/人天,这些垃圾来源多样、成分复杂,包括厨房垃圾、日常生活用品、塑料制品、玻璃制品、纸制品等。2021 年全国乡市政公用设施数据显示,生活垃圾处理率为81.78%,生活污水处理率为 26.97%。未能及时处理的生活垃圾在水塘、田边、路边随意堆放,影响乡村生态景观的同时还传染疾病,风雨天气造成污染物转移,引起面源污染。生活污水不能统一收集处理,污水横流,渗入土壤、排入河流,导致水体黑臭,产生污染积累。居民生活中使用传统方法生火做饭、北方冬季采暖等会产生废气、烟尘和油烟污染。

四、外源性污染

外界污染源对乡村的污染同样不可忽略。城市工业形成的污染物对农业生产环境造成污染。下游地区受到上游地区传输性污染,酸雨对农田土壤和农作物造成危害,二氧化硫、氟化物、粉尘等污染物给农作物生长带来损害。工业企业和城市污水污染地表地下水,使用污水灌溉农田,造成土壤板结、作物品质降低。城市生活和工业生产排放的大量固体废物转移到农村,破坏生态景观,造成农田和地下水污染。

第二节　农村生态环境治理问题的主要因素

一、城乡环境治理不平衡

2021 年我国城镇化率达到 65.22%,仍有近 5 亿人生活在农村。城乡二元结构使得乡村环境治理中的城乡不平衡、区域不平衡问题突出,治理力度亟待加强。

城乡经济发展不平衡使乡村环境治理水平明显落后。根据生态库兹涅茨曲线,城市与乡村处于不同发展阶段,城市发展更多依靠人造资本、人力资本与科技进步,乡村发展更多依赖自然资源。经济发展与生态环境的不和谐度较高,农村居民对自然环境粗放式利用,污染问题凸显,生态环境问题反过来又抑制乡村发展。城乡不平衡更体现在环保设施建设、环保治理水平等方面。城市环保设施基本实现全覆盖,但绝大多数乡村缺少环保基础设施。唐丽霞等人基于 141 个村庄的调研结果发现,95 个村没有采取任何污染治理措施,46 个村只采取了简单的收集和集中安置污染物的措施,仅有的部分治理措施以简单的收集和集中安置为主,实质性的治理措施较少。环境治理的监管执行在城乡层面存在差距,双重标准导致"污染溢出",在城市无法落地的污染行业转移至乡村落地生根,"打擦边球"现象、执法不严现象时有发生。

二、乡村环境治理体系不健全

国家与地方环境治理体系脱节。改革开放四十多年来,一些地方政府重视 GDP 增长形成惯性,而对农村生态环境问题漠视不理、管理松懈。国家在战略上高度重视环保问题,但地方政府特别是县乡重视和落实力度不够,导致国家重大治污项目效果不明显。

区域间协调治理落实困难。生态环境治理需要跨区域合作,仅靠单个区域或行政部门难以取得实效。安徽北部和江苏北部同处淮河流域,暴雨过后安徽境内开闸泄洪,没有按照规定及时通知下游地区,洪水里含有大量工业企业排放的有害物质。污水流入江苏境内导致鱼蟹大量死亡,养殖户无处追责。灾前沟通机制并未发挥作用,说明河长制没有落实到位,相关部门"重建轻管",区域间生态补偿协议没有履行。

各部门间职责协同性不够。目前对于水体污染治理,职责分散在多个部门,比如落实"河长制""一河一策"由水利部门牵头,城市黑臭水体治理由住建部门牵头负责,灌溉用水归农业部门负责,流域管理归水利部门负责。水体污染治理是一个系统工程,需各部门共同实施完成,但涉及具体治理问题职责不清晰,容易相互推诿扯皮,难以形成合力。

三、经济与社会条件的制约

环境治理财政投入不足,资金使用效率低。2021 年用于乡污水处理总投资 22.6 亿元,而用于村庄污水处理总投资 366.90 亿元,全国共有乡 2 万多个,行政村 52.6 万个,投资力度与农村环境治理需求相比杯水车薪。同时资金分散在多个部门,监管存在漏洞,使用效率低下,治理效果并不明显。

人才缺乏、技术落后是乡村环境治理的短板。受政策导向制约,目前环境治理人才与技术主要集中在城市,难以在农村落地,尤其是经济欠发达地区和偏远地区,这种问题更加突出。一些设备与技术虽然落地乡村,但由于管理不善、缺少维护而变成摆设。

四、乡村居民环保意识不强

受经济水平与传统观念制约,乡村居民在思想意识上对生态环境问题重视不够,对环境污染危害认识不足,对现代文明生活方式有心无力。卫生习惯差,环境保护意识淡薄,陋习对乡村治理带来负面影响。一些乡村虽然设立垃圾站,村民没有养成自觉定点处理垃圾的习惯。一些农民为了提高农作物产量质量,过量使用农药化肥。某些农村基层组织为了短期利益和一己私利,任由污染企业排污生产。对于乡村企业等造成的污染,村民缺少用法律手段保护自己的意识与能力。

第三节 多管齐下加强农村生态环境治理

一、加强政策引导和支持

国家做出乡村振兴战略规划（2018—2022）等一系列重大部署,各省市出台贯彻实施意见和方案,对建设生态宜居美丽乡村,治理农业环境污染突出问题,实施重要生态系统保护和修复重大工程等提出目标任务。实现乡村环境有效治理是一项复杂的系统工程,单靠市场机制和技术手段无法实现既定目标,加大政策引导与支持是各级政府的重要任务,是实现乡村环境改善的重要抓手。要发挥好政府与市场两个方面的作用,出台相关政策,引导支持资金、企业、人才、技术等各种社会资源力量向乡村环境治理流动,加大环境治理资源供给。

二、加大监管与服务力度

针对乡村环境治理中存在的突出问题,城乡建设、环保、水利、农业等部门要加大环境监管与执法力度,加强监管体制机制创新,利用现代科技手段提高环境预警能力,完善污染处置机制,推动乡村环境治理向良性循环发展。针对农村环境治理人才技术缺乏问等题,在加强监管的同时,要从解决具体问题入手,增加农村地区环保产品与服务供给,加强人才培养、技术保障、金融支持等,变污染"上山下乡"为服务"上山下乡"。

三、实施一批环境修复重大工程

许多环境问题具有区域性、流域性、复杂性等特点,实施重大工程是解决环境污染问题的必然选择。如京津冀大气污染、淮河流域管控都要总体布局、系统设计。乡村环境治理要与城市环境治理、区域环境治理作为有机整体,放在全局来审视部署,要针对乡村环境治理中的普遍性和特殊性问题,发挥重大工程的全局性、协同性优势,聚集人才、资金、技术等资源,统筹协调,区域协同,从根本上解决环境污染问题。

四、发挥乡村主体作用

乡村环境治理是全社会共同责任,在强化政府部门特别是乡镇村组基层组织主体责任同时,要发挥新闻文化部门、教育科技部门、专家学者、环保志愿者等多方力量,要让农民积极主动参与环境保护与治理。加强宣传引导,提高环保意识,普及环保法律知识。利用新媒体加强生态环境治理与保护传播,强化乡规民约实践,提高农村居民的环保意识,改变不良生活方式,养成良好行为习惯。树立一批乡村治理典型,发挥示范引领作用。弘扬乡村优秀传统文化,构建农耕文化、乡愁等精神乐土,让农民"望得见山,看得见水,记得住乡愁"。推广环保治理技术与技能培训,掌握科学种植方法,减少农业面源污染。

附录 A　调研问卷与统计数据

A.1　农村人居环境调查问卷

1. **问卷编号:** [_____ | _____ | _____ | _____ | _____]

2. **访问地点:** _____ 区 _____ 乡 _____ 村

3. **访问员(签名):** _____

4. **访问开始时间:** _____ 月 _____ 日 _____ 时 _____ 分(24 小时制)

   访问结束时间: _____ 日 _____ 时 _____ 分(24 小时制)

   访问时间长度: [_____ | _____ | _____](分钟)

先生/女士:您好!

　　我们是_____项目课题组,为进行农村人居环境治理问题的研究,特进行此次问卷调查。请您以自填的方式回答下列问题,并将您认同的答案序号填入预留的括号中。您的回答没有对错之分,我们需要的是您的真实想法。本次调研结果仅用于科学研究,绝不会以个案形式对外公布,对于您的回答我们将严格保密。感谢您的大力支持!

问卷内容

1. 您家是否有以下设施？请您根据真实情况,在相应选项后的数字上划"√"(请不要错填或漏填)

	有	没有	不了解
①24 小时自来水	1	2	3
②定时自来水	1	2	3
③下水管道	1	2	3
④冲水厕所(化粪池流走)	1	2	3
⑤冲水厕所(需定期自己清理)	1	2	3

您所在村里是否有以下设施？请您根据真实情况,在相应选项后的数字上划"√"(请不要错填或漏填)

	有	没有	不了解
①垃圾箱/垃圾池	1	2	3
②垃圾转运箱	1	2	3
③保洁三轮车/机动车	1	2	3
④污水管道	1	2	3
⑤污水处理设施	1	2	3
⑥公共冲水厕所	1	2	3

2.请您阅读以下题目,并根据自己的了解程度,在相应选项后的数字上划"√"(请不要错填或漏填)

	非常 不了解	比较 不了解	不确定	比较 了解	非常 了解
①农村生活垃圾治理方案	1	2	3	4	5
②农村生活污水治理方案	1	2	3	4	5
③"农村厕所革命"	1	2	3	4	5
④村容村貌改善(道路、路灯、绿化、卫生)措施	1	2	3	4	5
⑤畜禽养殖废弃物处理办法	1	2	3	4	5
⑥地膜、秸秆等合理处置方法	1	2	3	4	5
⑦合理使用农药的管理规则	1	2	3	4	5
⑧本村整体环境规划	1	2	3	4	5

3.您了解以上各项环境治理措施的主要途径是?(不定项选择)_____

    A.网络   B.报纸   C.电视   D.广播

    E.村委会宣传   F.亲友告知   G.其他(请自填)_____

4.您对本村落实以下各项环境治理措施的评价是?请您根据真实情况,在相应选项后的数字上划"√"(请不要错填或漏填)

	非常 不满意	比较 不满意	不确定	比较 满意	非常 满意
①生活垃圾治理	1	2	3	4	5
②生活污水治理	1	2	3	4	5
③"厕所革命"	1	2	3	4	5
④村容村貌改善(道路、路灯、绿化、卫生)	1	2	3	4	5
⑤畜禽养殖废弃物处理	1	2	3	4	5
⑥地膜、秸秆等合理处置	1	2	3	4	5
⑦合理使用农药	1	2	3	4	5
⑧村整体环境规划	1	2	3	4	5

6. 在日常生活中,您如何处理自家的生活垃圾? 〔　　　〕(只选 1 项)

　　①混在一起扔到垃圾箱　　　②分类堆放　　　　③随意丢弃

　　④其他(请自填)＿＿＿＿＿＿

7. 您认为垃圾有必要分类吗? 〔　　　〕(只选 1 项)

　　①非常没必要　　　　　　②没必要　　　　　　③不确定

　　④有必要　　　　　　　　⑤非常有必要

7.1 如果您认为有必要分类,您认为生活垃圾可以分为哪些类别? 〔　　　〕

　　(可多选)

　　①可回收物(废纸、塑料、玻璃、金属和布料)　　　②厨余垃圾

　　③有害垃圾　　　　　　　④其他垃圾

8. 您认为厨余垃圾怎样处置更好? 〔　　　〕(只选 1 项)

　　①自家沤肥/做饲料

　　②本村建小型处理设施,集中收集、处理、再利用

　　③村收集、镇(乡)转运、区处理

　　④其他(请自填)＿＿＿＿＿＿＿＿

9. 近一年来,您参加过几次村里的卫生大扫除? 〔　　　〕(只选 1 项)

　　①从没参加过　　　　　　②1 次　　　　　　③2 次

　　④3 次及以上

10. 您是否愿意为自家的污水/垃圾处理支付一点费用? 〔　　　〕(只选 1 项)

　　①是　　　　　　　　　　②否　　　　　　　　③随大流

(如果您选择①,请继续回答第 10.1 题)

10.1 您每月最多能承受的污水/垃圾处理费是多少元? 〔　　　〕(只选 1 项)

　　　①5 元以下　　　　　②5—10 元　　　　　③10—15 元

　　　④15—20 元　　　　　⑤20 元以上

11. 您家厕所的粪污都去了哪里? 〔　　　〕(只选 1 项)

　　①下水道流走　　　　　　②村里定期清理

　　③自己找人清理　　　　　④其他(请自填)＿＿＿＿＿＿＿＿

12. 您更愿意使用以下哪种厕所? 〔　　　〕(只选 1 项)

　　①冲水厕所(化粪池流走)　　②冲水厕所(需自己清理)

③旱厕　　　　　　　　④其他(请自填)＿＿＿＿＿＿＿

(如果您选择①,请回答第 12.1 题;如果您选择②③,请回答第 12.2 题)

12.1　您更愿意使用冲水厕所的理由是[　　](可多选)

　　　①方便　　　　　　　　②干净卫生

　　　③舒适　　　　　　　　④其他(请自填)＿＿＿＿＿＿

12.2　您更愿意使用旱厕/自己掏粪的冲水厕所的理由是[　　](可多选)

　　　①习惯　　　　　　　　②费用低

　　　③沤肥　　　　　　　　④其他(请自填)＿＿＿＿＿＿

13.如果您家的窖井/户厕出现问题,您通常会如何解决? [　　](只选 1 项)

　　　①自己修　　　　　　　②花钱找别人修理

　　　③不花钱找别修　　　　③其他(请自填)＿＿＿＿＿＿

14.您家做饭/煮水[　　]、取暖[　　　]主要使用以下哪种能源?

　　　①电　　　　　②天然气/煤气　　　③太阳能/沼气

　　　④煤　　　　　⑤柴　　　　　　　⑥其他(请自填)＿＿＿＿

15.根据您的了解,您认为煤改燃好吗? [　　](只选 1 项)

　　　①好　　　　　②不好　　　　　　③有好也有不好

15.1　您认为煤改燃好或不好的原因是[　　](可多选)

　　　①方便,不用起夜添煤　　②干净卫生,家里没有煤灰

　　　③环保,空气质量更好　　④习惯用煤

　　　⑤烧煤更暖和　　　　　⑥烧煤更省钱

　　　⑦担心今后取暖补贴停发　⑧其他(请自填)＿＿＿＿＿

16.根据您了解的实际情况,您认为当前最需要解决下列哪些问题?

　　　(请选择 3 项,并根据选项的重要性排序)第一[　　]第二[　　]

　　　第三[　　]

　　　①拓宽道路　　　　　　②硬化道路

　　　③增加绿化　　　　　　④整治违建

　　　⑤增加污水管道、污水处理设施

　　　⑥畜禽粪便处理　　　　⑦地膜、桔杆合理处置

　　　⑧合理使用化肥　　　　⑨及时清运村里垃圾

⑩增加文体设施   ⑪保障 24 小时用电

⑫保障 24 小时用水   ⑬旱厕改冲水厕所

⑭清洁卫生   ⑮其他(请自填)_____

_____

17. 针对以上问题,您有何切实可行的解决方案/建议?

_____

_____

_____

_____

_____

_____

_____

基本信息

【访问员注意:此部分内容由被访者自填】

1. 性别[   ]

   ①男　　　　　　②女

2. 出生年份:[   ]年

3. 家庭常住人口总数(全年在家居住 6 个月以上的家庭成员)[   ]

   ①1 人　　　　②2 人　　　　③3 人　　　　④4 人

   ⑤5 人及以上

4. 教育水平[   ]

   ①小学及以下　　②初中　　　　③高中(含高职、中专)

   ④大学(含大专及本科)　　　　⑤研究生及以上

5. 您的政治面貌[   ]

   ①中共党员　　②共青团员　　③群众

6. 您去年一年家庭收入[   ]

   ①10000 元及以下　　　　　②10001—30000 元

   ③30001—50000 元　　　　　④50001—80000 元

   ⑤80001 元以上

7. 您家庭收入的主要来源是?(请选择 3 项并根据选项的重要程度排序)第一[   ]第二[   ]第三[   ]

   ①务农　　　　②打工　　　　③工资

   ④经商　　　　⑤子女赡养　　⑥政府补助

   ⑦房租收入　　⑧地租收入　　⑨其他(请自填)＿＿＿＿＿＿

   问卷调查到此结束,对您的支持与参与,再次表示感谢!

A.2 村民基本信息统计表

表 A-1 村民被调查性别分布情况

项目		频率	百分比	有效百分比	累积百分比
有效	男	467	38.8	39.3	39.3
	女	720	59.8	60.7	100.0
	总计	1187	98.6	100.0	
缺失	系统	17	1.4		
总计		1204	100.0		

表 A-2 村民被调查年龄分布情况

项目		频率	百分比	有效百分比	累积百分比
有效	30 岁以下	64	5.3	5.5	5.5
	31—40 岁	115	9.6	9.8	15.3
	41—50 岁	188	15.6	16.0	31.3
	51—60 岁	347	28.8	29.6	60.9
	61—70 岁	327	27.2	27.9	88.8
	70 岁以上	131	10.9	11.2	100.0
	总计	1172	97.3	100.0	
缺失	系统	32	2.7		
总计		1204	100.0		

表 A－3　村民被调查家庭常住人口分布情况

项目		频率	百分比	有效百分比	累积百分比
有效	1 人	44	3.7	3.8	3.8
	2 人	291	24.2	24.8	28.6
	3 人	217	18.0	18.5	47.1
	4 人	201	16.7	17.2	64.2
	5 人及以上	419	34.8	35.8	100.0
	总计	1172	97.3	100.0	
缺失	系统	32	2.7		
总计		1204	100.0		

表 A－4　村民被调查教育水平分布情况

项目		频率	百分比	有效百分比	累积百分比
有效	小学及以下	514	42.7	43.6	43.6
	初中	474	39.4	40.2	83.7
	高中	139	11.5	11.8	95.5
	大学	48	4.0	4.1	99.6
	研究生及以上	5	0.4	0.4	100.0
	总计	1180	98.0	100.0	
缺失	系统	24	2.0		
总计		1204	100.0		

表 A - 5　村民被调查政治面貌分布情况

项目		频率	百分比	有效百分比	累积百分比
有效	中共党员	137	11.4	11.5	11.5
	共青团员	32	2.7	2.7	14.2
	群众	1018	84.6	85.8	100.0
	总计	1187	98.6	100.0	
缺失	系统	17	1.4		
总计		1204	100.0		

表 A - 6　村民被调查家庭年收入分布情况

项目		频率	百分比	有效百分比	累积百分比
有效	10000 元以下	299	24.8	25.3	25.3
	10001—30000 万元	429	35.6	36.3	61.5
	30001—50000 元	294	24.4	24.9	86.4
	50001—80000 元	105	8.7	8.9	95.3
	80001 元及以上	56	4.7	4.7	100.0
	总计	1183	98.3	100.0	
缺失	系统	21	1.7		
总计		1204	100.0		

表 A-7 村民被调查家庭年收入的主要来源(排序第一)

	项目	频率	百分比	有效百分比	累积百分比
有效	务农	379	31.5	31.9	31.9
	打工	429	35.6	36.1	68.1
	工资	137	11.4	11.5	79.6
	经商	69	5.7	5.8	85.4
	子女赡养	60	5.0	5.1	90.5
	政府补助	70	5.8	5.9	96.4
	房租收入	3	0.2	0.3	96.6
	地租收入	22	1.8	1.9	98.5
	其他	18	1.5	1.5	100.0
	总计	1187	98.6	100.0	
缺失	系统	17	1.4		
总计		1204	100.0		

表 A-8 村民被调查家庭年收入的主要来源(排序第二)

项目		频率	百分比	有效百分比	累积百分比
有效	务农	142	11.8	22.8	22.8
	打工	191	15.9	30.7	53.5
	工资	76	6.3	12.2	65.8
	经商	23	1.9	3.7	69.5
	子女赡养	31	2.6	5.0	74.4
	政府补助	66	5.5	10.6	85.0
	房租收入	16	1.3	2.6	87.6
	地租收入	69	5.7	11.1	98.7
	其他	8	0.7	1.3	100.0
	总计	622	51.7	100.0	
缺失	系统	582	48.3		
总计		1204	100.0		

表 A-9 村民被调查家庭年收入的主要来源(排序第三)

项目		频率	百分比	有效百分比	累积百分比
有效	务农	19	1.6	9.3	9.3
	打工	13	1.1	6.3	15.6
	工资	46	3.8	22.4	38.0
	经商	16	1.3	7.8	45.9
	子女赡养	20	1.7	9.8	55.6
	政府补助	16	1.3	7.8	63.4
	房租收入	7	0.6	3.4	66.8
	地租收入	64	5.3	31.2	98.0
	其他	4	0.3	2.0	100.0
	总计	205	17.0	100.0	
缺失	系统	999	83.0		
总计		1204	100.0		

A.3 问卷内容统计表

表 A-10 村民被调查 24 小时自来水情况

项目		频率	百分比	有效百分比	累积百分比
有效	有	668	55.5	56.9	56.9
	没有	504	41.9	43.0	99.9
	不了解	1	0.1	0.1	100.0
	总计	1173	97.4	100.0	
缺失	系统	31	2.6		
总计		1204	100.0		

表 A-11 村民被调查定时自来水情况

项目		频率	百分比	有效百分比	累积百分比
有效	有	517	42.9	47.0	47.0
	没有	580	48.2	52.7	99.6
	不了解	4	0.3	0.4	100.0
	总计	1101	91.4	100.0	
缺失	系统	103	8.6		
总计		1204	100.0		

表 A－12　村民被调查拥有下水管道情况

	项目	频率	百分比	有效百分比	累积百分比
有效	有	935	77.7	80.5	80.5
	没有	218	18.1	18.8	99.3
	不了解	8	0.7	0.7	100.0
	总计	1161	96.4	100.0	
缺失	系统	43	3.6		
总计		1204	100.0		

表 A－13　村民被调查拥有完整下水道水冲式厕所情况

	项目	频率	百分比	有效百分比	累积百分比
有效	有	511	42.4	48.9	48.9
	没有	526	43.7	50.4	99.3
	不了解	7	0.6	0.7	100.0
	总计	1044	86.7	100.0	
缺失	系统	160	13.3		
总计		1204	100.0		

表 A－14　村民被调查拥有三格化粪池厕所情况

	项目	频率	百分比	有效百分比	累积百分比
有效	有	471	39.1	41.9	41.9
	没有	643	53.4	57.3	99.2
	不了解	9	0.7	0.8	100.0
	总计	1123	93.3	100.0	
缺失	系统	81	6.7		
总计		1204	100.0		

表 A –15 村民所在村垃圾箱/垃圾池配备情况

	项目	频率	百分比	有效百分比	累积百分比
有效	有	1163	96.6	99.1	99.1
	没有	10	0.8	0.9	99.9
	不了解	1	0.1	0.1	100.0
	总计	1174	97.5	100.0	
缺失	系统	30	2.5		
	总计	1204	100.0		

表 A –16 村民所在村垃圾转运车配备情况

	项目	频率	百分比	有效百分比	累积百分比
有效	有	1124	93.4	95.7	95.7
	没有	45	3.7	3.8	99.6
	不了解	5	0.4	0.4	100.0
	总计	1174	97.5	100.0	
缺失	系统	30	2.5		
	总计	1204	100.0		

表 A –17 村民所在村保洁三轮车/机动车配备情况

	项目	频率	百分比	有效百分比	累积百分比
有效	有	1131	93.9	96.7	96.7
	没有	28	2.3	2.4	99.1
	不了解	11	0.9	0.9	100.0
	总计	1170	97.2	100.0	
缺失	系统	34	2.8		
	总计	1204	100.0		

表 A-18 村民所在村污水管道配备情况

项目		频率	百分比	有效百分比	累积百分比
有效	有	894	74.3	76.7	76.7
	没有	257	21.3	22.0	98.7
	不了解	15	1.2	1.3	100.0
	总计	1166	96.8	100.0	
缺失	系统	38	3.2		
总计		1204	100.0		

表 A-19 村民所在村污水处理设施配备情况

项目		频率	百分比	有效百分比	累积百分比
有效	有	779	64.7	66.8	66.8
	没有	339	28.2	29.1	95.9
	不了解	48	4.0	4.1	100.0
	总计	1166	96.8	100.0	
缺失	系统	38	3.2		
总计		1204	100.0		

表 A-20 村民所在村公共冲水厕所配备情况

项目		频率	百分比	有效百分比	累积百分比
有效	有	495	41.1	42.6	42.6
	没有	620	51.5	53.4	96.0
	不了解	47	3.9	4.0	100.0
	总计	1162	96.5	100.0	
缺失	系统	42	3.5		
总计		1204	100.0		

表 A-21　村民户厕粪污流向的分布情况

	项目	频率	百分比	有效百分比	累积百分比
有效	下水道冲走	429	35.6	37.1	37.1
	村里定期清理	187	15.5	16.2	53.3
	自己找人清理	338	28.1	29.2	82.5
	其他	202	16.8	17.5	100.0
	总计	1156	96.0	100.0	
缺失	系统	48	4.0		
总计		1204	100.0		

表 A-22　村民做饭用电情况

	项目	频率	百分比	有效百分比	累积百分比
有效	否	582	48.3	49.7	49.7
	是	590	48.9	50.3	100.0
	总计	1172	97.3	100.0	
缺失	系统	32	2.7		
总计		1204	100.0		

表 A-23　村民做饭用天然气/煤气情况

	项目	频率	百分比	有效百分比	累积百分比
有效	否	350	29.1	29.8	29.8
	是	824	68.4	70.2	100.0
	总计	1174	97.5	100.0	
缺失	系统	30	2.5		
总计		1204	100.0		

表 A - 24　村民做饭用太阳能/沼气情况

项目		频率	百分比	有效百分比	累积百分比
有效	否	1148	95.3	98.0	98.0
	是	24	2.0	2.0	100.0
	总计	1172	97.3	100.0	
缺失	系统	32	2.7		
总计		1204	100.0		

表 A - 25　村民做饭用煤情况

项目		频率	百分比	有效百分比	累积百分比
有效	否	1119	92.9	95.3	95.3
	是	55	4.6	4.7	100.0
	总计	1174	97.5	100.0	
缺失	系统	30	2.5		
总计		1204	100.0		

表 A - 26　村民做饭用柴情况

项目		频率	百分比	有效百分比	累积百分比
有效	否	1024	85.0	87.2	87.2
	是	150	12.5	12.8	100.0
	总计	1174	97.5	100.0	
缺失	系统	30	2.5		
总计		1204	100.0		

表 A－27　村民做饭用其他能源情况

项目		频率	百分比	有效百分比	累积百分比
有效	否	1158	96.2	98.6	98.6
	是	16	1.3	1.4	100.0
	总计	1174	97.5	100.0	
缺失	系统	30	2.5		
总计		1204	100.0		

表 A－28　村民取暖用电情况

项目		频率	百分比	有效百分比	累积百分比
有效	否	878	72.9	76.3	76.3
	是	273	22.7	23.7	100.0
	总计	1151	95.6	100.0	
缺失	系统	53	4.4		
总计		1204	100.0		

表 A－29　村民取暖用天然气/煤气情况

项目		频率	百分比	有效百分比	累积百分比
有效	否	606	50.3	52.6	52.6
	是	546	45.3	47.4	100.0
	总计	1152	95.7	100.0	
缺失	系统	52	4.3		
总计		1204	100.0		

表 A-30　村民取暖用太阳能/沼气情况

项目		频率	百分比	有效百分比	累积百分比
有效	否	1137	94.4	98.8	98.8
	是	14	1.2	1.2	100.0
	总计	1151	95.6	100.0	
缺失	系统	53	4.4		
总计		1204	100.0		

表 A-31　村民取暖用煤情况

项目		频率	百分比	有效百分比	累积百分比
有效	否	744	61.8	64.6	64.6
	是	408	33.9	35.4	100.0
	总计	1152	95.7	100.0	
缺失	系统	52	4.3		
总计		1204	100.0		

表 A-32　村民取暖用柴情况

项目		频率	百分比	有效百分比	累积百分比
有效	否	1076	89.4	93.4	93.4
	是	76	6.3	6.6	100.0
	总计	1152	95.7	100.0	
缺失	系统	52	4.3		
总计		1204	100.0		

表A-33 村民取暖用其他能源情况

项目		频率	百分比	有效百分比	累积百分比
有效	否	1134	94.2	98.8	98.8
	是	14	1.2	1.2	100.0
	总计	1148	95.3	100.0	
缺失	系统	56	4.7		
总计		1204	100.0		

表A-34 村民对生活垃圾治理方案了解情况

项目		频率	百分比	有效百分比	累积百分比
有效	非常不了解	65	5.4	5.5	5.5
	比较不了解	193	16.0	16.4	21.9
	不确定	122	10.1	10.4	32.3
	比较了解	575	47.8	48.9	81.2
	非常了解	221	18.4	18.8	100.0
	总计	1176	97.7	100.0	
缺失	系统	28	2.3		
总计		1204	100.0		

表A-35 村民对生活污水治理了解情况

项目		频率	百分比	有效百分比	累积百分比
有效	非常不了解	84	7.0	7.2	7.2
	比较不了解	226	18.8	19.4	26.6
	不确定	166	13.8	14.2	40.8
	比较了解	519	43.1	44.5	85.3
	非常了解	171	14.2	14.7	100.0
	总计	1166	96.8	100.0	
缺失	系统	38	3.2		
总计		1204	100.0		

表 A-36 村民对"农村厕所革命"了解情况

项目		频率	百分比	有效百分比	累积百分比
有效	非常不了解	82	6.8	7.0	7.0
	比较不了解	190	15.8	16.3	23.3
	不确定	161	13.4	13.8	37.1
	比较了解	492	40.9	42.1	79.2
	非常了解	243	20.2	20.8	100.0
	总计	1168	97.0	100.0	
缺失	系统	36	3.0		
总计		1204	100.0		

表 A-37 村民对村容村貌改善了解情况

项目		频率	百分比	有效百分比	累积百分比
有效	非常不了解	53	4.4	4.5	4.5
	比较不了解	147	12.2	12.6	17.1
	不确定	175	14.5	15.0	32.1
	比较了解	533	44.3	45.7	77.8
	非常了解	259	21.5	22.2	100.0
	总计	1167	96.9	100.0	
缺失	系统	37	3.1		
总计		1204	100.0		

表 A-38　村民对畜禽养殖废弃物处理办法了解情况

项目		频率	百分比	有效百分比	累积百分比
有效	非常不了解	94	7.8	8.2	8.2
	比较不了解	218	18.1	18.9	27.1
	不确定	306	25.4	26.5	53.6
	比较了解	366	30.4	31.7	85.3
	非常了解	169	14.0	14.7	100.0
	总计	1153	95.8	100.0	
缺失	系统	51	4.2		
总计		1204	100.0		

表 A-39　村民对地膜、秸秆等合理处置方法了解情况

项目		频率	百分比	有效百分比	累积百分比
有效	非常不了解	68	5.6	5.8	5.8
	比较不了解	199	16.5	17.1	22.9
	不确定	243	20.2	20.9	43.8
	比较了解	425	35.3	36.5	80.3
	非常了解	229	19.0	19.7	100.0
	总计	1164	96.7	100.0	
缺失	系统	40	3.3		
总计		1204	100.0		

表 A－40 村民对合理使用农药的管理规则了解情况

项目		频率	百分比	有效百分比	累积百分比
有效	非常不了解	71	5.9	6.1	6.1
	比较不了解	210	17.4	18.0	24.1
	不确定	244	20.3	20.9	45.1
	比较了解	420	34.9	36.1	81.1
	非常了解	220	18.3	18.9	100.0
	总计	1165	96.8	100.0	
缺失	系统	39	3.2		
总计		1204	100.0		

表 A－41 村民对本村整体环境规划了解情况

项目		频率	百分比	有效百分比	累积百分比
有效	非常不了解	118	9.8	10.1	10.1
	比较不了解	218	18.1	18.6	28.7
	不确定	259	21.5	22.2	50.9
	比较了解	350	29.1	29.9	80.8
	非常了解	225	18.7	19.2	100.0
	总计	1170	97.2	100.0	
缺失	系统	34	2.8		
总计		1204	100.0		

表 A－42　村民通过网络了解农村人居环境治理情况

项目		频率	百分比	有效百分比	累积百分比
有效	否	1018	84.6	89.8	89.8
	是	115	9.6	10.2	100.0
	总计	1133	94.1	100.0	
缺失	系统	71	5.9		
总计		1204	100.0		

表 A－43　村民通过报纸了解农村人居环境治理情况

项目		频率	百分比	有效百分比	累积百分比
有效	否	1075	89.3	94.9	94.9
	是	58	4.8	5.1	100.0
	总计	1133	94.1	100.0	
缺失	系统	71	5.9		
总计		1204	100.0		

表 A－44　村民通过电视了解农村人居环境治理情况

项目		频率	百分比	有效百分比	累积百分比
有效	否	974	80.9	86.0	86.0
	是	159	13.2	14.0	100.0
	总计	1133	94.1	100.0	
缺失	系统	71	5.9		
总计		1204	100.0		

表 A-45　村民通过广播了解农村人居环境治理情况

项目		频率	百分比	有效百分比	累积百分比
有效	否	777	64.5	68.6	68.6
	是	355	29.5	31.4	100.0
	总计	1133	94.0	100.0	
缺失	系统	71	6.0		
总计		1204	100.0		

表 A-46　村民通过村委会宣传了解农村人居环境治理情况

项目		频率	百分比	有效百分比	累积百分比
有效	否	290	24.1	25.6	25.6
	是	843	70.0	74.4	100.0
	总计	1133	94.1	100.0	
缺失	系统	71	5.9		
总计		1204	100.0		

表 A-47　村民通过亲友告知了解农村人居环境治理情况

项目		频率	百分比	有效百分比	累积百分比
有效	否	1031	85.6	91.1	91.1
	是	101	8.4	8.9	100.0
	总计	1133	94.0	100.0	
缺失	系统	71	6.0		
总计		1204	100.0		

表 A – 48　村民通过其他途径了解农村人居环境治理情况

	项目	频率	百分比	有效百分比	累积百分比
有效	否	903	75.0	79.8	79.8
	是	229	19.0	20.2	100.0
	总计	1133	94.0	100.0	
缺失	系统	71	6.0		
总计		1204	100.0		

表 A – 49　村民如何处理自家垃圾的分布情况

	项目	频率	百分比	有效百分比	累积百分比
有效	混在一起扔到垃圾箱	859	71.3	72.2	72.2
	分类堆放	303	25.2	25.5	97.6
	随意丢弃	7	0.6	0.6	98.2
	其他	21	1.7	1.8	100.0
	总计	1190	98.8	100.0	
缺失	系统	14	1.2		
总计		1204	100.0		

表 A – 50　村民认为是否需要垃圾分类的分布情况

	项目	频率	百分比	有效百分比	累积百分比
有效	非常没必要	89	7.4	7.5	7.5
	没必要	259	21.5	21.7	29.2
	不确定	106	8.8	8.9	38.1
	有必要	549	45.6	46.0	84.1
	非常有必要	190	15.8	15.9	100.0
	总计	1193	99.1	100.0	
缺失	系统	11	0.9		
总计		1204	100.0		

表 A-51 村民认为垃圾可分类为可回收垃圾的分布情况

项目		频率	百分比	有效百分比	累积百分比
有效	否	44	3.7	5.5	5.5
	是	763	63.4	94.5	100.0
	总计	807	67.0	100.0	
缺失	系统	397	33.0		
总计		1204	100.0		

表 A-52 村民认为垃圾可分类为厨余垃圾的分布情况

项目		频率	百分比	有效百分比	累积百分比
有效	否	339	28.2	42.0	42.0
	是	468	38.9	58.0	100.0
	总计	807	67.0	100.0	
缺失	系统	397	33.0		
总计		1204	100.0		

表 A-53 村民认为垃圾可分类为有害垃圾的分布情况

项目		频率	百分比	有效百分比	累积百分比
有效	否	333	27.7	41.3	41.3
	是	474	39.4	58.7	100.0
	总计	807	67.0	100.0	
缺失	系统	397	33.0		
总计		1204	100.0		

表 A-54　村民认为垃圾可分类为其他垃圾的分布情况

项目		频率	百分比	有效百分比	累积百分比
有效	否	661	54.9	82.3	82.3
	是	142	11.8	17.7	100.0
	总计	803	66.7	100.0	
缺失	系统	401	33.3		
总计		1204	100.0		

表 A-55　村民认为厨余垃圾如何处理更好的分布情况

项目		频率	百分比	有效百分比	累积百分比
有效	自家沤肥做饲料	136	11.3	11.6	11.6
	本村建小型处理设施,集中收集、处理、再利用	320	26.6	27.3	38.9
	村收集镇转移区处理	556	46.2	47.4	86.3
	其他	160	13.3	13.7	100.0
	总计	1172	97.3	100.0	
缺失	系统	32	2.7		
总计		1204	100.0		

表 A-56　村民对生活垃圾治理情况的评价

项目		频率	百分比	有效百分比	累积百分比
有效	非常不满意	31	2.6	2.6	2.6
	比较不满意	78	6.5	6.6	9.2
	不确定	45	3.7	3.8	13.0
	比较满意	661	54.9	55.9	69.0
	非常满意	367	30.5	31.0	100.0
	总计	1182	98.2	100.0	
缺失	系统	22	1.8		
总计		1204	100.0		

表 A-57 村民对生活污水治理情况的评价

项目		频率	百分比	有效百分比	累积百分比
有效	非常不满意	48	4.0	4.1	4.1
	比较不满意	104	8.6	8.8	12.9
	不确定	107	8.9	9.1	22.0
	比较满意	620	51.5	52.6	74.6
	非常满意	299	24.8	25.4	100.0
	总计	1178	97.8	100.0	
缺失	系统	26	2.2		
总计		1204	100.0		

表 A-58 村民对"厕所革命"情况的评价

项目		频率	百分比	有效百分比	累积百分比
有效	非常不满意	55	4.6	4.7	4.7
	比较不满意	133	11.0	11.3	16.0
	不确定	112	9.3	9.5	25.5
	比较满意	534	44.4	45.4	71.0
	非常满意	341	28.3	29.0	100.0
	总计	1175	97.6	100.0	
缺失	系统	29	2.4		
总计		1204	100.0		

表 A - 59　村民对村容村貌改善情况的评价

项目		频率	百分比	有效百分比	累积百分比
有效	非常不满意	43	3.6	3.7	3.7
	比较不满意	79	6.6	6.7	10.4
	不确定	63	5.2	5.4	15.7
	比较满意	613	50.9	52.2	67.9
	非常满意	377	31.3	32.1	100.0
	总计	1175	97.6	100.0	
缺失	系统	29	2.4		
总计		1204	100.0		

表 A - 60　村民对畜禽养殖废弃物治理情况的评价

项目		频率	百分比	有效百分比	累积百分比
有效	非常不满意	27	2.2	2.3	2.3
	比较不满意	91	7.6	7.9	10.2
	不确定	270	22.4	23.3	33.5
	比较满意	487	40.4	42.1	75.6
	非常满意	283	23.5	24.4	100.0
	总计	1158	96.2	100.0	
缺失	系统	46	3.8		
总计		1204	100.0		

表 A-61　村民对地膜、秸秆等合理处理情况的评价

项目		频率	百分比	有效百分比	累积百分比
有效	非常不满意	19	1.6	1.6	1.6
	比较不满意	59	4.9	5.0	6.7
	不确定	227	18.9	19.4	26.1
	比较满意	530	44.0	45.3	71.4
	非常满意	335	27.8	28.6	100.0
	总计	1170	97.2	100.0	
缺失	系统	34	2.8		
总计		1204	100.0		

表 A-62　村民合理使用农药情况的评价

项目		频率	百分比	有效百分比	累积百分比
有效	非常不满意	22	1.8	1.9	1.9
	比较不满意	55	4.6	4.7	6.6
	不确定	232	19.3	19.8	26.4
	比较满意	531	44.1	45.3	71.7
	非常满意	332	27.6	28.3	100.0
	总计	1172	97.3	100.0	
缺失	系统	32	2.7		
总计		1204	100.0		

表 A - 63　村民对村整体规划情况的评价

项目		频率	百分比	有效百分比	累积百分比
有效	非常不满意	46	3.8	3.9	3.9
	比较不满意	80	6.6	6.8	10.7
	不确定	214	17.8	18.2	28.8
	比较满意	500	41.5	42.4	71.2
	非常满意	339	28.2	28.8	100.0
	总计	1179	97.9	100.0	
缺失	系统	25	2.1		
总计		1204	100.0		

表 A - 64　村民户厕使用偏好的分布情况

项目		频率	百分比	有效百分比	累积百分比
有效	完整下水道水冲式厕所	1063	88.3	90.1	90.1
	三格化粪池厕所	85	7.1	7.2	97.3
	旱厕	22	1.8	1.9	99.2
	其他	10	0.8	0.8	100.0
	总计	1180	98.0	100.0	
缺失	系统	24	2.0		
总计		1204	100.0		

表 A - 65　村民对于使用冲水户厕理由为"方便"的分布情况

项目		频率	百分比	有效百分比	累积百分比
有效	否	548	45.5	51.6	51.6
	是	514	42.7	48.4	100.0
	总计	1064	88.2	100.0	
缺失	系统	140	11.8		
总计		1204	100.0		

表 A-66　村民对于使用冲水户厕理由为"干净卫生"的分布情况

项目		频率	百分比	有效百分比	累积百分比
有效	否	45	3.7	4.2	4.2
	是	1019	84.6	95.8	100.0
	总计	1064	88.4	100.0	
缺失	系统	140	11.6		
总计		1204	100.0		

表 A-67　村民对于使用冲水户厕理由为"舒适"的分布情况

项目		频率	百分比	有效百分比	累积百分比
有效	否	802	66.6	75.4	75.4
	是	262	21.8	24.6	100.0
	总计	1064	88.4	100.0	
缺失	系统	140	11.6		
总计		1204	100.0		

表 A-68　村民对于使用冲水户厕理由为"其他"的分布情况

项目		频率	百分比	有效百分比	累积百分比
有效	否	1053	87.5	99.0	99.0
	是	11	0.9	1.0	100.0
	总计	1064	88.4	100.0	
缺失	系统	140	11.6		
总计		1204	100.0		

表 A-69　村民对于使用旱厕理由为"习惯"的分布情况

项目		频率	百分比	有效百分比	累积百分比
有效	否	60	5.0	67.4	67.4
	是	29	2.4	32.6	100.0
	总计	89	7.4	100.0	
缺失	系统	1115	92.6		
总计		1204	100.0		

表 A-70　村民对于使用旱厕理由为"费用低"的分布情况

项目		频率	百分比	有效百分比	累积百分比
有效	否	49	4.1	55.1	55.1
	是	40	3.3	44.9	100.0
	总计	89	7.4	100.0	
缺失	系统	1115	92.6		
总计		1204	100.0		

表 A-71　村民对于使用旱厕理由为"沤肥"的分布情况

项目		频率	百分比	有效百分比	累积百分比
有效	否	69	5.7	77.5	77.5
	是	20	1.7	22.5	100.0
	总计	89	7.4	100.0	
缺失	系统	1115	92.6		
总计		1204	100.0		

表 A−72　村民对于使用旱厕理由为"其他"的分布情况

项目		频率	百分比	有效百分比	累积百分比
有效	否	73	6.1	82.0	82.0
	是	16	1.3	18.0	100.0
	总计	89	7.4	100.0	
缺失	系统	1115	92.6		
总计		1204	100.0		

表 A−73　村民对于户厕出现问题解决方式的分布情况

项目		频率	百分比	有效百分比	累积百分比
有效	自己修	366	30.4	32.5	32.5
	花钱找别人修理	378	31.4	33.6	66.1
	不花钱找别人修理	191	15.9	17.0	83.0
	其他	191	15.9	17.0	100.0
	总计	1126	93.5	100.0	
缺失	系统	78	6.5		
总计		1204	100.0		

表 A−74　村民是否认同煤改燃情况

项目		频率	百分比	有效百分比	累积百分比
有效	好	777	64.5	68.0	68.0
	不好	98	8.1	8.6	76.6
	有好有不好	267	22.2	23.4	100.0
	总计	1142	94.9	100.0	
缺失	系统	62	5.1		
总计		1204	100.0		

表 A-75　村民认同煤改燃其理由为"方便,不用起夜添煤"的情况

项目		频率	百分比	有效百分比	累积百分比
有效	否	540	44.9	46.8	46.8
	是	615	51.1	53.2	100.0
	总计	1155	95.9	100.0	
缺失	系统	49	4.1		
总计		1204	100.0		

表 A-76　村民认同煤改燃其理由为"干净卫生,家里没有煤炭"的情况

项目		频率	百分比	有效百分比	累积百分比
有效	否	282	23.4	24.4	24.4
	是	873	72.5	75.6	100.0
	总计	1155	95.9	100.0	
缺失	系统	49	4.1		
总计		1204	100.0		

表 A-77　村民认同煤改燃其理由为"环保,空气质量更好"的情况

项目		频率	百分比	有效百分比	累积百分比
有效	否	752	62.5	65.1	65.1
	是	403	33.5	34.9	100.0
	总计	1155	95.9	100.0	
缺失	系统	49	4.1		
总计		1204	100.0		

表 A-78　村民不认同煤改燃其理由为"习惯用煤"的情况

项目		频率	百分比	有效百分比	累积百分比
有效	否	1120	93.0	97.0	97.0
	是	35	2.9	3.0	100.0
	总计	1155	95.9	100.0	
缺失	系统	49	4.1		
总计		1204	100.0		

表 A-79　村民不认同煤改燃其理由为"烧煤更暖和"的情况

项目		频率	百分比	有效百分比	累积百分比
有效	否	1091	90.6	94.5	94.5
	是	64	5.3	5.5	100.0
	总计	1155	95.9	100.0	
缺失	系统	49	4.1		
总计		1204	100.0		

表 A-80　村民不认同煤改燃其理由为"烧煤更省钱"的情况

项目		频率	百分比	有效百分比	累积百分比
有效	否	1014	84.2	87.9	87.9
	是	140	11.6	12.1	100.0
	总计	1154	95.8	100.0	
缺失	系统	50	4.2		
总计		1204	100.0		

表 A‑81 村民不认同煤改燃其理由为"担心今后取暖补贴停发"的情况

项目		频率	百分比	有效百分比	累积百分比
有效	否	995	82.6	86.2	86.2
	是	159	13.2	13.8	100.0
	总计	1154	95.8	100.0	
缺失	系统	50	4.2		
总计		1204	100.0		

表 A‑82 村民认同/不认同煤改燃其理由为"其他"的情况

项目		频率	百分比	有效百分比	累积百分比
有效	否	1039	86.3	90.3	90.3
	是	111	9.2	9.7	100.0
	总计	1150	95.5	100.0	
缺失	系统	54	4.5		
总计		1204	100.0		

表 A –83 村民认为村里最需要解决的问题排名第一的情况

	项目	频率	百分比	有效百分比	累积百分比
有效	拓宽道路	219	18.2	19.3	19.3
	硬化道路	96	8.0	8.5	27.7
	增加绿化	116	9.6	10.2	37.9
	整治违建	71	5.9	6.3	44.2
	增加污水管道、污水处理措施	114	9.5	10.0	54.2
	畜禽粪便处理	14	1.2	1.2	55.5
	地膜、秸秆合理处置	6	0.5	0.5	56.0
	合理使用化肥	6	0.5	0.5	56.5
	及时清运村里垃圾	86	7.1	7.6	64.1
	增加文体设施	44	3.7	3.9	68.0
	保障 24 小时用电	42	3.5	3.7	71.7
	保障 24 小时用水	106	8.8	9.3	81.0
	旱厕改冲水厕所	86	7.1	7.6	88.6
	清洁卫生	33	2.7	2.9	91.5
	其他	97	8.1	8.5	100.0
	总计	1136	94.4	100.0	
缺失	系统	68	5.6		
总计		1204	100.0		

表 A–84　村民认为村里最需要解决的问题排名第二的情况

	项目	频率	百分比	有效百分比	累积百分比
有效	拓宽道路	54	4.5	5.9	5.9
	硬化道路	106	8.8	11.6	17.5
	增加绿化	105	8.7	11.5	29.0
	整治违建	74	6.1	8.1	37.1
	增加污水管道、污水处理措施	102	8.5	11.2	48.2
	畜禽粪便处理	55	4.6	6.0	54.3
	地膜、秸秆合理处置	19	1.6	2.1	56.3
	合理使用化肥	11	0.9	1.2	57.5
	及时清运村里垃圾	87	7.2	9.5	67.1
	增加文体设施	45	3.7	4.9	72.0
	保障 24 小时用电	34	2.8	3.7	75.7
	保障 24 小时用水	108	9.0	11.8	87.5
	旱厕改冲水厕所	66	5.5	7.2	94.7
	清洁卫生	37	3.1	4.0	98.8
	其他	11	0.9	1.2	100.0
	总计	914	75.9	100.0	
缺失	系统	290	24.1		
总计		1204	100.0		

表 A-85 村民认为村里最需要解决的问题排名第三的情况

项目		频率	百分比	有效百分比	累积百分比
有效	拓宽道路	29	2.4	3.9	3.9
	硬化道路	36	3.0	4.8	8.7
	增加绿化	72	6.0	9.6	18.3
	整治违建	40	3.3	5.3	23.7
	增加污水管道、污水处理措施	63	5.2	8.4	32.1
	畜禽粪便处理	26	2.2	3.5	35.6
	地膜、秸秆合理处置	7	0.6	0.9	36.5
	合理使用化肥	11	0.9	1.5	38.0
	及时清运村里垃圾	94	7.8	12.6	50.5
	增加文体设施	88	7.3	11.8	62.3
	保障 24 小时用电	15	1.2	2.0	64.3
	保障 24 小时用水	94	7.8	12.6	76.9
	旱厕改冲水厕所	81	6.7	10.8	87.7
	清洁卫生	84	7.0	11.2	98.9
	其他	8	0.7	1.1	100.0
	总计	748	62.1	100.0	
缺失	系统	456	37.9		
总计		1204	100.0		

表A-86　村民一年中参加卫生大扫除次数的分布情况

项目		频率	百分比	有效百分比	累积百分比
有效	从没参加	615	51.1	52.0	52.0
	1次	68	5.6	5.7	57.7
	2次	104	8.6	8.8	66.5
	3次及以上	396	32.9	33.5	100.0
	总计	1183	98.3	100.0	
缺失	系统	21	1.7		
总计		1204	100.0		

表A-87　村民是否愿意为污水/垃圾处理支付费用的分布情况

项目		频率	百分比	有效百分比	累积百分比
有效	是	490	40.7	41.1	41.1
	否	369	30.6	31.0	72.1
	随大流	333	27.7	27.9	100.0
	总计	1192	99.0	100.0	
缺失	系统	12	1.0		
总计		1204	100.0		

表A-88　村民愿意为污水/垃圾处理支付多少费用的分布情况

项目		频率	百分比	有效百分比	累积百分比
有效	5元以下	250	20.8	47.7	47.7
	5—10元	184	15.3	35.1	82.8
	10—15元	32	2.7	6.1	88.9
	15—20元	28	2.3	5.3	94.3
	20元以上	30	2.5	5.7	100.0
	总计	524	43.5	100.0	
缺失	系统	680	56.5		
总计		1204	100.0		

附录 B 能值计算相关系数

B.1 能量折算系数

能量折算主要参考《农业生态学教程》与《农业生态系统分析》（陈阜，
1998；骆世明，1996）。

表 B-1 主要农产品能量折算系数

名称	J/g	名称	J/g
粮食	1.62E + 10	红枣	4.46E + 09
水稻	1.55E + 10	石榴	4.37E + 09
小麦	1.57E + 10	核桃	3.13E + 09
玉米	1.65E + 10	肉量	9.21E + 09
大麦	1.61E + 10	牛	8.76E + 09
豆类	2.07E + 10	马	4.95E + 09
油料	2.63E + 10	驴	4.67E + 09
棉花	1.67E + 10	骡	4.67E + 09
蔬菜	2.51E + 10	骆驼	9.21E + 09
瓜果	1.10E + 09	猪	2.59E + 10
苜蓿	2.50E + 09	羊	1.41E + 10

续表

名称	J/g	名称	J/g
水果	3.35E+09	家禽	6.19E+09
苹果	2.76E+09	兔	5.20E+09
梨	1.85E+09	奶类	3.22E+09
葡萄	2.21E+09	蜂蜜	3.21E+09
桃	2.16E+09	禽蛋	8.32E+09
杏	2.54E+09	水产品	4.05E+08
木材	1.67E+10		

注:本表采用科学计数法表示,下同。

表 B-2　农业投入能量折算系数

名称	折算系数	名称	折算系数
原煤	2.09E+10	氮肥	9.20E+10
原油	4.18E+10	磷肥	1.34E+10
天然气	3.85E+10	钾肥	9.20E+09
液化石油气	5.02E+10	农膜	5.19E+10
汽油	4.60E+10	农药	1.02E+12
柴油	4.35E+10	煤炭	2.09E+10
农村用电(J/Kwh)	1.25E+11	农机(J/Kwh)	2.09E+11
电力(J/Kwh)	3.60E+06		

B.2 能值转换率

表 B－3 太阳能值转换率

项目	单位	能值转换率（sej/unit）	项目	单位	能值转换率（sej/unit）
可更新资源			葡萄	J	8.90E＋04
太阳能	J	1	桃	J	8.90E＋04
风能	J	2.52E＋03	杏	J	8.90E＋04
雨水势能	J	1.76E＋04	红枣	J	8.90E＋04
雨水化学能	J	3.06E＋04	石榴	J	8.90E＋04
地球循环能	J	5.71E＋04	其他	J	8.90E＋04
河水化学能	J	6.89E＋04	核桃	J	1.43E＋05
水电	J	2.77E＋05	木材	J	7.39E＋04
不可更新资源			肉量	g	2.50E＋11
表土层损失	J	1.24E＋05	牛	J	6.72E＋06
土壤损耗能	J	2.86E＋09	马	J	3.36E＋06
原煤	J	6.72E＋04	驴	J	3.36E＋06
原油	J	9.07E＋04	骡	J	3.36E＋06
天然气	J	8.06E＋04	骆驼	J	3.36E＋06
汽油	J	1.11E＋05	猪	J	2.86E＋06
柴油	J	1.86E＋05	羊	J	3.36E＋06
电力	J	2.69E＋05	家禽	J	2.86E＋06
原木	J	5.38E＋04	兔	J	2.86E＋06
煤炭	J	1.78E＋04	绵羊毛	J	7.39E＋06

项目	单位	能值转换率（sej/unit）	项目	单位	能值转换率（sej/unit）
氮肥	g	6.38E+09	山羊毛	J	7.39E+06
磷肥	g	6.55E+09	山羊绒	J	7.39E+06
钾肥	g	1.85E+09	奶类产量	J	3.36E+06
复合肥	g	4.70E+09	牛皮	J	7.39E+06
农膜	g	6.38E+07	羊皮	J	7.39E+06
农药	g	2.69E+09	驼毛	J	7.39E+06
农村用电	J	2.69E+05	蜂蜜	J	3.36E+06
农机	J	1.26E+08	禽蛋	J	3.36E+06
本地可更新资源			水产品	g	3.02E+10
粮食	g	4.08E+11	工业产品		
水稻	J	6.03E+04	原煤	J	6.72E+04
小麦	J	1.14E+05	水泥	g	5.54E+10
玉米	J	1.39E+05	钢材	g	2.35E+09
大麦	g	4.08E+11	发电	J	2.69E+05
豆类	J	4.54E+04	自来水生产	g	1.53E+13
油料	J	1.44E+05	进出口		
棉花	J	1.44E+06	进口商品、服务	$	9.37E+12
蔬菜	J	4.54E+04	旅游进口	$	1.66E+12
瓜果	J	4.54E+04	出口商品、服务	$	6.34E+12
苜蓿	J	4.54E+04	废弃物		
水果	J	8.90E+04	废水	g	6.66E+08
苹果	J	8.90E+04	废气	g	6.66E+08
梨	J	8.90E+04	废固	g	1.80E+09

附录 C 农村人居环境系统能值表

C.1 农村人居环境系统能值构成

表 C - 1 2005 年和田地区农村人居环境系统能值构成

单位：sej

项目	和田地区	和田市	和田县	墨玉县	皮山县	洛浦县	策勒县	于田县	民丰县
可更新资源（R）	5.97E+22	1.12E+20	9.88E+21	6.16E+21	9.49E+21	3.40E+21	7.60E+21	9.39E+21	1.36E+22
可更新资源产品（IR）	1.02E+22	6.34E+20	1.76E+21	2.22E+21	9.99E+20	1.42E+21	1.20E+21	1.56E+21	3.91E+20
不可更新资源能值（N）	5.55E+22	8.63E+20	7.36E+21	6.37E+21	1.01E+22	2.63E+21	6.07E+21	1.23E+22	9.78E+21
外界输入能值（IMP）	1.95E+21	1.17E+20	3.24E+20	2.45E+20	2.89E+20	1.63E+20	9.21E+19	2.74E+20	2.08E+20
产出能值（EXP）	3.26E+24	6.50E+23	1.88E+24	2.16E+23	1.75E+23	1.65E+23	2.24E+22	1.52E+23	4.52E+18
废弃物能值（W）	8.26E+21	3.38E+21	3.98E+20	9.72E+20	1.03E+21	8.71E+20	5.36E+20	7.61E+20	2.73E+20

表 C-2 2006 年和田地区农村人居环境系统能值构成

单位:sej

项目	和田地区	和田市	和田县	墨玉县	皮山县	洛浦县	策勒县	于田县	民丰县
可更新环境资源能值（R）	5.97E+22	1.12E+20	9.88E+21	6.16E+21	9.49E+21	3.40E+21	7.60E+21	9.39E+21	1.36E+22
可更新环境资源产品能值（IR）	1.05E+22	1.00E+21	1.59E+21	2.31E+21	1.08E+21	1.22E+21	1.25E+21	1.61E+21	4.30E+20
不可更新资源能值（N）	5.56E+22	1.01E+21	1.24E+21	6.46E+21	1.01E+22	2.67E+21	6.08E+21	1.24E+22	9.70E+21
外界输入能值（IMP）	2.74E+21	8.52E+19	3.59E+20	3.06E+20	3.20E+20	4.92E+20	1.17E+20	1.15E+20	7.75E+19
产出能值（EXP）	5.05E+24	1.18E+24	3.05E+24	2.73E+23	1.68E+23	1.54E+23	2.69E+22	1.97E+23	4.63E+18
废弃物能值（W）	8.38E+21	3.33E+21	3.17E+20	1.02E+21	1.44E+21	7.12E+20	5.65E+20	7.49E+20	2.52E+20

表 C-3 2007 年和田地区农村人居环境系统能值构成

单位:sej

项目	和田地区	和田市	和田县	墨玉县	皮山县	洛浦县	策勒县	于田县	民丰县
可更新环境资源能值（R）	5.97E+22	1.12E+20	9.88E+21	6.16E+21	9.49E+21	3.40E+21	7.60E+21	9.39E+21	1.36E+22
可更新环境资源产品能值（IR）	1.10E+22	1.10E+21	1.61E+21	2.41E+21	1.11E+21	1.33E+21	1.33E+21	1.63E+21	4.34E+20
不可更新资源能值（N）	5.61E+22	7.14E+25	7.30E+21	6.45E+21	1.02E+22	2.76E+21	6.11E+21	1.24E+22	9.70E+21
外界输入能值（IMP）	3.50E+21	5.06E+20	3.36E+20	4.16E+19	3.44E+20	2.63E+20	2.02E+20	2.96E+20	5.49E+19
产出能值（EXP）	4.88E+24	8.52E+23	3.16E+23	2.56E+23	1.35E+23	1.52E+23	2.77E+22	2.93E+23	6.94E+18
废弃物能值（W）	1.02E+22	3.98E+21	3.67E+20	1.25E+21	1.72E+21	9.87E+20	6.85E+20	9.51E+20	3.02E+20

表 C-4　2008 年和田地区农村人居环境系统能值构成

单位：sej

项目	和田地区	和田市	和田县	墨玉县	皮山县	洛浦县	策勒县	于田县	民丰县
可更新环境资源能值（R）	5.97E+21	1.12E+20	9.88E+21	6.16E+21	9.49E+21	3.40E+21	7.60E+21	9.39E+21	1.36E+22
可更新环境资源产品能值（IR）	1.19E+22	1.20E+21	1.67E+21	2.61E+21	1.15E+21	1.37E+21	1.49E+21	1.98E+21	4.48E+20
不可更新资源能值（N）	5.62E+22	1.12E+21	7.45E+21	6.47E+21	1.01E+22	2.71E+21	6.14E+21	1.25E+22	9.71E+21
外界输入能值（IMP）	4.12E+21	1.67E+20	6.29E+20	4.58E+20	4.92E+20	4.34E+20	1.50E+20	3.60E+20	1.12E+20
产出能值（EXP）	8.15E+24	1.13E+24	3.21E+24	2.09E+23	1.87E+23	1.36E+23	3.14E+22	3.10E+23	3.59E+22
废弃物能值（W）	9.61E+21	3.78E+21	3.70E+20	1.21E+21	1.62E+21	7.66E+20	6.52E+20	9.14E+20	2.96E+20

表 C-5　2009 年和田地区农村人居环境系统能值构成

单位：sej

项目	和田地区	和田市	和田县	墨玉县	皮山县	洛浦县	策勒县	于田县	民丰县
可更新环境资源能值（R）	6.00E+22	1.19E+20	9.83E+21	6.16E+21	9.58E+21	3.44E+21	7.54E+21	9.46E+21	1.39E+22
可更新环境资源产品能值（IR）	1.23E+22	1.33E+21	1.56E+21	2.84E+21	1.18E+21	1.44E+21	1.35E+21	2.10E+21	4.72E+20
不可更新资源能值（N）	5.16E+22	1.16E+21	2.30E+21	2.32E+21	2.92E+21	2.59E+21	1.18E+22	5.45E+21	2.31E+21
外界输入能值（IMP）	7.24E+21	9.25E+20	7.08E+20	1.07E+21	1.58E+21	4.02E+20	3.70E+20	4.49E+20	2.78E+20
产出能值（EXP）	6.01E+24	1.43E+24	3.72E+24	2.25E+23	1.65E+23	1.46E+23	3.92E+22	2.43E+23	4.17E+22
废弃物能值（W）	1.01E+22	3.98E+21	4.31E+20	1.26E+21	1.65E+21	8.09E+20	6.79E+20	9.60E+20	2.98E+20

表 C-6 2010 年和田地区农村人居环境系统能值构成

单位：sej

项目	和田地区	和田市	和田县	墨玉县	皮山县	洛浦县	策勒县	于田县	民丰县
可更新环境资源能值（R）	5.97E+22	1.12E+20	9.88E+21	6.16E+21	9.49E+21	3.40E+21	7.60E+21	9.39E+21	1.36E+22
可更新性资源产品能值（IR）	1.27E+22	1.41E+21	1.63E+21	2.90E+21	1.33E+21	1.45E+21	1.40E+21	2.08E+21	4.37E+20
不可更新资源能值（N）	5.21E+21	1.14E+21	2.40E+21	2.37E+21	2.99E+21	2.76E+21	1.18E+22	5.47E+21	2.31E+22
外界输入能值（IMP）	8.40E+21	1.14E+21	7.38E+21	9.90E+20	7.63E+20	5.97E+20	6.47E+20	3.26E+20	3.28E+20
产出能值（EXP）	5.59E+24	1.07E+24	3.72E+24	1.92E+23	1.77E+23	1.06E+23	1.57E+22	2.64E+23	4.03E+22
废弃物能值（W）	1.23E+22	4.85E+21	4.79E+20	1.57E+21	2.04E+21	9.80E+20	8.27E+20	1.17E+21	3.60E+20

表 C-7 2011 年和田地区农村人居环境系统能值构成

单位：sej

项目	和田地区	和田市	和田县	墨玉县	皮山县	洛浦县	策勒县	于田县	民丰县
可更新环境资源能值（R）	5.97E+22	1.12E+20	9.88E+21	6.16E+21	9.49E+21	3.40E+21	7.60E+21	9.39E+21	1.36E+22
可更新性资源产品能值（IR）	1.35E+22	1.58E+21	1.72E+21	3.09E+21	1.51E+21	1.49E+21	1.40E+21	2.15E+21	5.03E+21
不可更新资源能值（N）	5.23E+22	1.08E+22	2.46E+21	2.50E+21	2.98E+21	2.78E+21	1.19E+22	5.51E+21	2.31E+22
外界输入能值（IMP）	1.43E+22	1.26E+21	1.25E+21	1.73E+21	1.04E+21	1.24E+21	8.96E+20	3.25E+20	3.41E+20
产出能值（EXP）	1.01E+25	2.21E+23	8.90E+24	1.93E+23	3.61E+23	9.32E+22	1.87E+22	2.55E+22	5.02E+22
废弃物能值（W）	9.81E+21	3.83E+21	4.71E+20	1.31E+21	1.59E+21	7.51E+20	6.41E+20	9.20E+20	2.92E+20

表 C-8 2012 年和田地区农村人居环境系统能值构成

单位:sej

项目	和田地区	和田市	和田县	墨玉县	皮山县	洛浦县	策勒县	于田县	民丰县
可更新环境资源能值(R)	5.97E+22	1.12E+20	9.88E+21	6.16E+21	9.49E+21	3.40E+21	7.60E+21	9.39E+21	1.36E+22
可更新环境资源产品能值(IR)	1.44E+22	1.65E+21	1.92E+21	3.33E+21	1.54E+21	1.51E+21	1.44E+21	2.43E+21	5.67E+20
不可更新资源能值(N)	5.32E+22	1.30E+21	2.59E+21	2.72E+21	3.05E+21	2.91E+21	1.20E+22	5.55E+21	2.32E+22
外界输入能值(IMP)	1.98E+22	2.53E+21	1.47E+21	2.17E+21	1.78E+21	1.46E+21	9.61E+20	5.91E+20	6.23E+20
产出能值(EXP)	1.16E+25	1.88E+20	1.08E+25	1.19E+23	4.67E+23	8.72E+22	1.62E+22	1.47E+23	4.07E+22
废弃物能值(W)	1.34E+22	5.08E+21	6.39E+20	1.99E+21	2.09E+21	1.10E+21	8.44E+20	1.22E+21	3.96E+20

表 C-9 2013 年和田地区农村人居环境系统能值构成

单位:sej

项目	和田地区	和田市	和田县	墨玉县	皮山县	洛浦县	策勒县	于田县	民丰县
可更新环境资源能值(R)	5.97E+22	1.12E+20	9.88E+21	6.16E+21	9.49E+21	3.40E+21	7.60E+21	9.39E+21	1.36E+22
可更新环境资源产品能值(IR)	1.54E+22	1.70E+21	2.00E+21	3.59E+21	1.73E+21	1.58E+21	1.55E+21	2.62E+21	6.27E+20
不可更新资源能值(N)	5.36E+22	1.54E+21	2.51E+21	3.08E+21	3.20E+21	3.07E+21	1.20E+22	5.78E+21	2.32E+22
外界输入能值(IMP)	2.60E+22	6.09E+21	2.22E+21	3.31E+21	1.08E+21	1.86E+21	7.12E+21	6.98E+20	2.39E+20
产出能值(EXP)	1.31E+25	2.16E+21	1.20E+25	1.42E+23	5.71E+23	1.21E+23	1.30E+22	2.40E+23	3.80E+22
废弃物能值(W)	1.36E+22	5.08E+22	6.73E+20	2.02E+21	2.14E+21	1.13E+21	8.85E+20	1.27E+21	4.05E+20

表 C – 10　2014 年和田地区农村人居环境系统能值构成

单位:sej

项目	和田地区	和田市	和田县	墨玉县	皮山县	洛浦县	策勒县	于田县	民丰县
可更新环境资源能值（R）	5.97E+22	1.12E+20	9.88E+21	6.16E+21	9.49E+21	3.40E+21	7.60E+21	9.39E+21	1.36E+22
可更新环境资源产品能值(IR)	1.64E+22	1.89E+21	2.18E+21	3.94E+21	1.79E+21	1.64E+21	1.66E+21	2.67E+21	6.37E+20
不可更新资源能值（N）	5.45E+22	1.56E+21	2.57E+21	2.85E+21	3.19E+21	3.09E+21	1.20E+22	5.95E+21	3.12E+22
外界输入能值（IMP）	2.76E+22	5.16E+21	2.36E+21	3.11E+21	1.33E+21	2.21E+21	1.28E+21	2.14E+21	7.70E+20
产出能值（EXP）	1.36E+25	2.11E+20	1.14E+25	4.20E+23	8.20E+23	1.34E+23	4.09E+23	3.11E+23	2.14E+22
废弃物能值（W）	1.44E+22	6.79E+21	5.94E+21	1.56E+21	2.42E+21	9.03E+20	7.59E+20	1.06E+21	3.31E+20

表 C – 11　2015 年和田地区农村人居环境系统能值构成

单位:sej

项目	和田地区	和田市	和田县	墨玉县	皮山县	洛浦县	策勒县	于田县	民丰县
可更新环境资源能值（R）	5.97E+22	1.12E+20	9.88E+21	6.16E+21	9.49E+21	3.40E+21	7.60E+21	9.39E+21	1.36E+22
可更新环境资源产品能值(IR)	2.89E+22	3.29E+21	3.74E+21	7.35E+21	3.16E+21	2.91E+21	3.19E+21	4.20E+21	1.24E+21
不可更新资源能值（N）	5.71E+22	1.73E+21	3.31E+21	3.37E+21	3.54E+21	3.50E+21	1.22E+22	6.25E+21	2.32E+22
外界输入能值（IMP）	3.17E+22	4.81E+21	2.37E+21	3.12E+21	2.423E+21	2.92E+21	0	3.60E+21	4.29E+20
产出能值（EXP）	1.32E+25	1.97E+20	1.06E+25	8.93E+23	6.49E+23	1.32E+23	3.96E+23	2.81E+23	1.70E+23
废弃物能值（W）	1.51E+22	7.11E+21	5.77E+21	1.70E+21	2.47E+21	9.74E+20	7.69E+20	1.19E+21	3.45E+20

C.2 农村人居环境系统能值指标

表 C-12 2005年和田地区农村人居环境系统能值指标

分类	能值指标	简写	计算公式	和田地区	和田市	和田县	墨玉县	皮山县	洛浦县	策勒县	于田县	民丰县
总量指标	净能值量	U	U=R+IR+N+IMP	1.27E+23	1.73E+21	1.93E+22	1.50E+22	2.09E+22	7.61E+21	1.50E+22	2.35E+22	2.40E+22
	总能值量	UT	UT=U+EXP+W	3.39E+24	6.55E+23	1.90E+24	2.32E+23	1.97E+23	1.73E+23	3.79E+23	1.76E+23	2.43E+23
结构指标	能值外向度	EER	(IMP+EXP)/UT	0.96	0.99	0.99	0.93	0.89	0.95	0.59	0.86	0.01
	能值自给率	ESR	(N+R+IR)/U	0.98	0.93	0.98	0.98	0.99	0.98	0.99	0.99	0.99
	能值产出率	RYR	U/UT	0.04	0.00	0.01	0.06	0.11	0.04	0.40	0.13	0.99
	净能值产出率	EYR	U/IMP	65.44	14.72	59.74	61.18	72.19	46.64	162.47	85.87	115.57
	能值投资率	EIR	IMP/(N+R+IR)	0.02	0.07	0.02	0.02	0.01	0.02	0.01	0.01	0.01
效率指标	不可更新资源代谢率	EN	N/U	0.44	0.50	0.38	0.42	0.48	0.35	0.41	0.52	0.41
	能值货币比	EG	U/GDP	2.11E+14	1.53E+13	2.09E+14	1.31E+14	3.42E+14	9.42E+13	3.12E+14	3.14E+14	1.02E+15
	能值使用强度	ED	U/Area	5.13E+11	3.70E+12	4.70E+11	5.85E+11	5.29E+11	5.39E+11	4.74E+11	6.03E+11	4.24E+11
	人均能值用量	EP	U/population	6.98E+16	8.84E+15	6.69E+16	3.27E+16	9.03E+16	3.06E+16	1.07E+17	1.04E+17	6.75E+17
压力指标	环境负载率	ELR	(N+IMP)/(R+IR)	0.82	1.31	0.66	0.79	0.99	0.58	0.70	1.15	0.71
	废弃物负载率	WR	W/R	0.14	30.15	0.04	0.16	0.11	0.26	0.07	0.08	0.02
	代谢环境效率	EW	W/U	0.06	1.96	0.02	0.06	0.05	0.11	0.04	0.03	0.01
综合指标	能值可持续指数	ESI	EYR/ELR	79.60	11.21	90.56	77.45	72.87	80.26	232.08	74.78	162.31

表C-13　2006年和田地区农村人居环境系统能值指标

分类	能值指标	简写	计算公式	和田地区	和田市	和田县	墨玉县	皮山县	洛浦县	策勒县	于田县	民丰县
总量指标	净能值量	U	U=R+IR+N+IMP	1.29E+23	2.21E+21	1.31E+22	1.52E+22	2.10E+22	7.78E+21	1.51E+22	2.35E+22	2.38E+22
	总能值量	UT	UT=U+EXP+W	5.19E+24	1.19E+24	3.06E+24	2.89E+23	1.90E+23	1.62E+23	4.25E+22	2.21E+23	2.41E+22
结构指标	能值外向度	EER	(IMP+EXP)/UT	0.97	1.00	1.00	0.94	0.88	0.95	0.64	0.89	0.00
	能值自给率	ESR	(N+R+IR)/U	0.98	0.96	0.97	0.98	0.98	0.94	0.99	1.00	1.00
	能值产出率	RYR	U/UT	0.02	0.00	0.00	0.05	0.11	0.05	0.35	0.11	0.99
	净能值产出率	EYR	U/IMP	46.86	25.95	36.46	49.72	65.69	15.80	128.48	205.06	307.78
	能值投资率	EIR	IMP/(N+R+IR)	0.02	0.04	0.03	0.02	0.02	0.07	0.01	0.00	0.00
效率指标	不可更新资源代谢率	EN	N/U	0.43	0.46	0.09	0.42	0.48	0.34	0.40	0.53	0.41
	能值货币比	EG	U/GDP	1.93E+14	1.60E+13	1.36E+14	1.20E+14	3.15E+14	9.65E+13	2.92E+14	2.92E+14	8.57E+14
	能值使用强度	ED	U/Area	5.18E+11	4.74E+12	3.18E+11	5.95E+11	5.32E+11	5.51E+11	4.76E+11	6.02E+11	4.21E+11
	人均能值用量	EP	U/population	6.92E+16	7.91E+15	5.31E+16	3.23E+16	8.93E+16	3.62E+16	1.06E+17	1.02E+17	6.59E+17
压力指标	环境负载率	ELR	(N+IMP)/(R+IR)	0.83	0.99	0.14	0.80	0.99	0.68	0.70	1.14	0.69
	废弃物负载率	WR	W/R	0.14	29.70	0.03	0.17	0.15	0.21	0.07	0.08	0.02
	代谢环境效率	EW	W/U	0.07	1.51	0.02	0.07	0.07	0.09	0.04	0.03	0.01
综合指标	能值可持续指数	ESI	EYR/ELR	56.37	26.34	261.67	62.27	66.52	23.10	183.60	180.17	443.01

表 C-14 2007 年和田地区农村人居环境系统能值指标

分类	能值指标	简写	计算公式	和田地区	和田市	和田县	墨玉县	皮山县	洛浦县	策勒县	于田县	民丰县
总量指标	净能值量	U	U=R+IR+N+IMP	1.30E+23	2.93E+21	1.91E+22	1.51E+22	2.12E+22	7.75E+21	1.52E+22	2.38E+22	2.38E+22
	总能值量	UT	UT=U+EXP+W	5.02E+24	8.59E+23	3.18E+24	2.73E+23	1.58E+23	1.61E+23	4.36E+23	3.17E+23	2.41E+22
结构指标	能值外向度	EER	(IMP+EXP)/UT	0.97	0.99	0.99	0.94	0.86	0.95	0.64	0.92	0.00
	能值自给率	ESR	(N+R+IR)/U	0.97	0.83	0.98	1.00	0.98	0.97	0.99	0.99	1.00
	能值产出率	RYR	U/UT	0.03	0.00	0.01	0.06	0.13	0.05	0.35	0.07	0.99
	净能值产出率	EYR	U/IMP	37.25	5.78	56.90	361.73	61.54	29.49	75.55	80.37	433.89
	能值投资率	EIR	IMP/(N+R+IR)	0.03	0.21	0.02	0.00	0.02	0.04	0.01	0.01	0.00
效率指标	不可更新资源代谢率	EN	N/U	0.43	0.41	0.38	0.43	0.48	0.36	0.40	0.52	0.41
	能值货币比	EG	U/GDP	1.76E+14	1.66E+13	1.85E+14	1.09E+14	3.37E+14	9.57E+13	2.70E+14	2.70E+14	7.56E+14
	能值使用强度	ED	U/Area	5.25E+11	6.28E+12	4.66E+11	5.88E+11	5.36E+11	5.49E+11	4.83E+11	6.09E+11	4.20E+11
	人均能值用量	EP	U/population	6.91E+16	1.04E+16	7.73E+16	3.14E+16	8.89E+16	3.51E+16	1.05E+17	1.01E+17	6.50E+17
压力指标	环境负载率	ELR	(N+IMP)/(R+IR)	0.84	1.41	0.66	0.76	0.99	0.64	0.71	1.16	0.69
	废弃物负载率	WR	W/R	0.17	35.50	0.04	0.20	0.18	0.29	0.09	0.10	0.02
	代谢环境效率	EW	W/U	0.08	1.36	0.02	0.08	0.08	0.13	0.04	0.04	0.01
综合指标	能值可持续指数	ESI	EYR/ELR	44.16	4.11	85.60	477.30	61.88	46.06	106.85	69.51	625.75

表 C-15　2008年和田地区农村人居环境系统能值指标

分类	能值指标	简写	计算公式	和田地区	和田市	和田县	墨玉县	皮山县	洛浦县	策勒县	于田县	民丰县
总量指标	净能值量	U	U=R+IR+N+IMP	1.32E+23	2.60E+21	1.96E+22	1.57E+22	2.13E+22	7.90E+21	1.54E+22	2.42E+22	2.39E+22
	总能值量	UT	UT=U+EXP+W	8.29E+24	1.14E+24	3.23E+24	2.26E+23	2.10E+23	1.45E+23	4.74E+22	3.35E+23	6.01E+22
结构指标	能值外向度	EER	(IMP+EXP)/UT	0.98	0.99	0.99	0.93	0.89	0.94	0.66	0.93	0.60
	能值自给率	ESR	(N+R+IR)/U	0.97	0.94	0.97	0.97	0.98	0.95	0.99	0.99	1.00
	能值产出率	RYR	U/UT	0.02	0.00	0.01	0.07	0.10	0.05	0.32	0.07	0.40
效率指标	净能值产出率	EYR	U/IMP	32.02	15.55	31.22	34.25	43.21	18.20	102.86	67.30	213.49
	能值投资率	EIR	IMP/(N+R+IR)	0.03	0.07	0.03	0.03	0.02	0.06	0.01	0.02	0.00
	不可更新资源代谢率	EN	N/U	0.43	0.43	0.38	0.41	0.48	0.34	0.40	0.52	0.41
	能值货币比	EG	U/GDP	1.49E+14	1.19E+13	1.69E+14	9.76E+13	2.44E+14	7.64E+13	2.37E+14	2.46E+14	6.48E+14
	能值使用强度	ED	U/Area	5.32E+11	5.57E+12	4.78E+11	6.13E+11	5.39E+11	5.60E+11	4.87E+11	6.21E+11	4.22E+11
	人均能值用量	EP	U/population	6.91E+16	9.10E+15	7.86E+16	3.24E+16	8.79E+16	3.50E+16	1.05E+17	1.01E+17	6.61E+17
压力指标	环境负载率	ELR	(N+IMP)/(R+IR)	0.84	0.99	0.70	0.79	1.00	0.66	0.69	1.13	0.70
	废弃物负载率	WR	W/R	0.16	33.72	0.04	0.20	0.17	0.23	0.09	0.10	0.02
	代谢环境效率	EW	W/U	0.07	1.46	0.02	0.08	0.08	0.10	0.04	0.04	0.01
综合指标	能值可持续指数	ESI	EYR/ELR	37.97	15.77	44.62	43.34	43.26	27.59	148.66	59.60	306.20

表 C-16　2009 年和田地区农村人居环境系统能值指标

分类	能值指标	简写	计算公式	和田地区	和田市	和田县	墨玉县	皮山县	洛浦县	策勒县	于田县	民丰县
总量指标	净能值量	U	U=R+IR+N+IMP	1.31E+23	3.53E+21	1.44E+22	1.24E+22	1.52E+22	7.87E+21	2.10E+22	1.75E+22	3.77E+22
	总能值量	UT	UT=U+EXP+W	6.16E+24	1.44E+24	3.74E+24	2.39E+23	1.82E+23	1.55E+23	6.09E+22	2.62E+23	7.98E+22
结构指标	能值外向度	EER	(IMP+EXP)/UT	0.98	1.00	1.00	0.95	0.92	0.95	0.65	0.93	0.53
	能值自给率	ESR	(N+R+IR)/U	0.94	0.74	0.95	0.91	0.90	0.95	0.98	0.97	0.99
	能值产出率	RYR	U/UT	0.02	0.00	0.00	0.05	0.08	0.05	0.35	0.07	0.47
	净能值产出率	EYR	U/IMP	18.12	3.82	20.34	11.60	9.67	19.56	56.85	38.87	135.87
	能值投资率	EIR	IMP/(N+R+IR)	0.06	0.35	0.05	0.09	0.12	0.05	0.02	0.03	0.01
效率指标	不可更新资源代谢率	EN	N/U	0.39	0.33	0.16	0.19	0.19	0.33	0.56	0.31	0.61
	能值货币比	EG	U/GDP	1.34E+14	1.42E+13	1.14E+14	7.02E+13	1.59E+14	7.80E+13	2.91E+14	1.61E+14	9.26E+14
	能值使用强度	ED	U/Area	5.27E-11	7.13E-12	3.52E+11	4.84E+11	3.83E+11	5.51E+11	6.71E+11	4.44E+11	6.55E+11
	人均能值用量	EP	U/population	6.71E-16	1.20E+16	5.60E+16	2.52E+16	6.12E+16	3.41E+16	1.40E+17	7.12E+16	1.03E+18
压力指标	环境负载率	ELR	(N+IMP)/(R+IR)	0.81	1.44	0.26	0.38	0.42	0.61	1.36	0.51	1.63
	废弃物负载率	WR	W/R	0.17	33.33	0.04	0.20	0.17	0.24	0.09	0.10	0.02
	代谢环境效率	EW	W/U	0.08	1.12	0.03	0.10	0.11	0.10	0.03	0.05	0.01
综合指标	能值可持续指数	ESI	EYR/ELR	22.25	2.65	77.04	30.77	23.17	31.87	41.66	76.12	83.18

表 C-17 2010年和田地区农村人居环境系统能值指标

分类	能值指标	简写	计算公式	和田地区	和田市	和田县	墨玉县	皮山县	洛浦县	策勒县	于田县	民丰县
总量指标	净能值量	U	$U=R+IR+N+IMP$	1.33E+23	3.81E+21	1.47E+22	1.24E+22	1.46E+22	8.20E+21	2.14E+22	1.73E+22	3.75E+22
	总能值量	UT	$UT=U+EXP+W$	5.73E+24	1.08E+24	3.74E+24	2.06E+23	1.94E+23	1.15E+23	3.80E+22	2.82E+23	7.81E+22
结构指标	能值外向度	EER	$(IMP+EXP)/UT$	0.98	0.99	1.00	0.94	0.92	0.93	0.43	0.94	0.52
	能值自给率	ESR	$(N+R+IR)/U$	0.94	0.70	0.95	0.92	0.95	0.93	0.97	0.98	0.99
	能值产出率	RYR	U/UT	0.02	0.00	0.00	0.06	0.08	0.07	0.56	0.06	0.48
	净能值产出率	EYR	U/IMP	15.81	3.34	19.87	12.55	19.09	13.73	33.14	52.93	114.47
	能值投资率	EIR	$IMP/(N+R+IR)$	0.07	0.43	0.05	0.09	0.06	0.08	0.03	0.02	0.01
效率型指标	不可更新资源代谢率	EN	N/U	0.39	0.30	0.16	0.19	0.21	0.34	0.55	0.32	0.62
	能值货币比	EG	U/GDP	1.21E+14	1.32E+13	1.03E+14	6.54E+13	1.34E+14	6.57E+13	2.64E+14	1.44E+14	8.24E+14
	能值使用强度	ED	$U/Area$	5.35E+11	8.17E+12	3.57E+11	4.85E+11	3.69E+11	5.81E+11	6.79E+11	4.42E+11	6.62E+11
	人均能值用量	EP	$U/population$	6.51E+16	1.20E+16	5.48E+16	2.39E+16	5.63E+16	3.48E+16	1.40E+17	6.94E+16	1.01E+18
压力指标	环境负载率	ELR	$(N+IMP)/(R+IR)$	0.84	1.50	0.27	0.37	0.35	0.69	1.38	0.51	1.67
	废弃物负载率	WR	W/R	0.21	43.23	0.05	0.25	0.21	0.29	0.11	0.12	0.03
	代谢环境效率	EW	W/U	0.09	1.27	0.03	0.13	0.14	0.12	0.04	0.07	0.01
综合指标	能值可持续指数	ESI	EYR/ELR	18.92	2.23	72.88	33.87	55.04	19.79	23.98	104.74	68.72

表 C—18 2011年和田地区农村人居环境系统能值指标

分类	能值指标	简写	计算公式	和田地区	和田市	和田县	墨玉县	皮山县	洛浦县	策勒县	于田县	民丰县
总量指标	净能值量	U	U=R+IR+N+IMP	1.40E+23	4.03E+21	1.53E+22	1.35E+22	1.50E+22	8.90E+21	2.18E+22	1.74E+22	3.76E+22
	总能值量	UT	UT=U+EXP+W	1.02E+25	2.29E+23	8.92E+24	2.08E+23	3.78E+23	1.03E+23	4.11E+22	2.73E+23	8.82E+22
结构指标	能值外向度	EER	(IMP+EXP)/UT	0.99	0.97	1.00	0.94	0.96	0.92	0.48	0.93	0.57
	能值自给率	ESR	(N+R+IR)/U	0.90	0.69	0.92	0.87	0.93	0.86	0.96	0.98	0.99
	能值产出率	RYR	U/UT	0.01	0.02	0.00	0.06	0.04	0.09	0.53	0.06	0.43
	净能值产出率	EYR	U/IMP	9.75	3.20	12.22	7.78	14.39	7.19	24.29	53.52	110.21
	能值投资率	EIR	IMP/(N+R+IR)	0.11	0.45	0.09	0.15	0.07	0.16	0.04	0.02	0.01
效率指标	不可更新资源代谢率	EN	N/U	0.37	0.27	0.16	0.19	0.20	0.31	0.54	0.32	0.61
	能值货币比	EG	U/GDP	1.12E+14	1.20E+13	9.70E+13	6.38E+13	1.22E+14	6.91E+13	2.38E+14	1.34E+14	7.94E+14
	能值使用强度	ED	U/Area	5.63E+11	8.65E+12	3.73E+11	5.26E+11	3.81E+11	6.31E+11	6.89E+11	4.45E+11	6.63E+11
	人均能值用量	EP	U/population	6.73E+16	1.26E+16	5.64E+16	2.54E+16	5.66E+16	3.70E+16	1.40E+17	6.87E+16	1.00E+18
压力指标	环境负载率	ELR	(N+IMP)/(R+IR)	0.91	1.38	0.32	0.46	0.37	0.82	1.42	0.51	1.66
	废弃物负载率	WR	W/R	0.16	34.14	0.05	0.21	0.17	0.22	0.08	0.10	0.02
	代谢环境效率	EW	W/U	0.07	0.95	0.03	0.10	0.11	0.08	0.03	0.05	0.01
综合指标	能值可持续指数	ESI	EYR/ELR	10.70	2.32	38.15	17.02	39.36	8.74	17.15	105.88	66.40

表 C-19　2012 年和田地区农村人居环境系统能值指标

分类	能值指标	简写	计算公式	和田地区	和田市	和田县	墨玉县	皮山县	洛浦县	策勒县	于田县	民丰县
总量指标	净能值量	U	U=R+IR+N+IMP	1.47E+23	5.59E+21	1.59E+22	1.44E+22	1.59E+22	9.27E+21	2.20E+22	1.80E+22	3.80E+22
	总能值量	UT	UT=U+EXP+W	1.18E+25	1.09E+22	1.08E+25	1.35E+23	4.85E+23	9.76E+22	3.90E+22	1.66E+23	7.91E+22
结构指标	能值外向度	EER	(IMP+EXP)/UT	0.99	0.25	1.00	0.89	0.97	0.91	0.44	0.89	0.52
	能值自给率	ESR	(N+R+IR)/U	0.87	0.55	0.91	0.85	0.89	0.84	0.96	0.97	0.98
	能值产出率	RYR	U/UT	0.01	0.51	0.00	0.11	0.03	0.10	0.56	0.11	0.48
	净能值产出率	EYR	U/IMP	7.44	2.21	10.81	6.62	8.93	6.35	22.88	30.39	61.04
	能值投资率	EIR	IMP/(N+R+IR)	0.16	0.83	0.10	0.18	0.13	0.19	0.05	0.03	0.02
效率指标	不可更新资源代谢率	EN	N/U	0.36	0.23	0.16	0.19	0.19	0.31	0.55	0.31	0.61
	能值货币比	EG	U/GDP	1.05E+14	1.48E+13	8.92E+13	6.07E+13	1.17E+14	6.41E+14	2.16E+14	1.26E+14	7.16E+14
	能值使用强度	ED	U/Area	5.93E+11	1.20E+13	3.86E+11	5.62E+11	4.02E+11	6.57E+11	6.96E+11	4.60E+11	6.71E+11
	人均能值用量	EP	U/population	6.93E+16	1.69E+16	5.68E+16	2.67E+16	5.87E+16	3.67E+16	1.41E+17	6.98E+16	1.00E+18
压力指标	环境负载率	ELR	(N+IMP)/(R+IR)	0.99	2.17	0.34	0.52	0.44	0.89	1.43	0.52	1.68
	废弃物负载率	WR	W/R	0.22	45.27	0.06	0.32	0.22	0.32	0.11	0.13	0.03
	代谢环境效率	EW	W/U	0.09	0.91	0.04	0.14	0.13	0.12	0.04	0.07	0.01
综合指标	能值可持续指数	ESI	EYR/ELR	7.55	1.02	31.43	12.84	20.43	7.14	15.97	58.50	36.41

表 C-20 2013 年和田地区农村人居环境系统能值指标

分类	能值指标	简写	计算公式	和田地区	和田市	和田县	墨玉县	皮山县	洛浦县	策勒县	于田县	民丰县
总量指标	净能值量	U	U=R+IR+N+IMP	1.55E+23	9.45E+21	1.66E+22	1.61E+22	1.55E+22	9.91E+21	2.19E+22	1.85E+22	3.77E+22
	总能值量	UT	UT=U+EXP+W	1.33E+25	1.47E+22	1.20E+25	1.60E+23	5.89E+23	1.32E+23	3.58E+22	2.60E+23	7.61E+22
结构指标	能值外向度	EER	(IMP+EXP)/UT	0.99	0.43	1.00	0.91	0.97	0.93	0.38	0.93	0.50
	能值自给率	ESR	(N+R+IR)/U	0.83	0.36	0.87	0.79	0.93	0.81	0.97	0.96	0.99
	能值产出率	RYR	U/UT	0.01	0.64	0.00	0.10	0.03	0.08	0.61	0.07	0.50
	净能值产出率	EYR	U/IMP	5.95	1.55	7.50	4.87	14.33	5.33	30.75	26.48	157.87
	能值投资率	EIR	IMP/(N+R+IR)	0.20	1.81	0.15	0.26	0.07	0.23	0.03	0.04	0.01
效率指标	不可更新资源代谢率	EN	N/U	0.35	0.16	0.15	0.19	0.21	0.31	0.55	0.31	0.62
	能值货币比	EG	U/GDP	1.01E+14	2.20E+13	8.45E+13	6.18E+13	1.03E+14	6.21E+13	1.94E+14	1.18E+14	6.37E+14
	能值使用强度	ED	U/Area	6.24E+11	2.03E+13	4.05E+11	6.30E+11	3.93E+11	7.02E+11	6.93E+11	4.74E+11	6.66E+11
	人均能值用量	EP	U/population	7.18E+16	2.85E+16	5.81E+16	2.97E+16	5.63E+16	3.84E+16	1.37E+17	7.05E+16	9.85E+17
压力指标	环境负载率	ELR	(N+IMP)/(R+IR)	1.06	4.20	0.40	0.66	0.38	0.99	1.39	0.54	1.65
	废弃物负载率	WR	W/R	0.23	45.26	0.07	0.33	0.23	0.33	0.12	0.14	0.03
	代谢环境效率	EW	W/U	0.09	0.54	0.04	0.13	0.14	0.11	0.04	0.07	0.01
综合指标	能值可持续指数	ESI	EYR/ELR	5.61	0.37	18.84	7.44	37.58	5.38	22.09	49.06	95.96

表 C-21　2014年和田地区农村人居环境系统能值指标

分类	能值指标	简写	计算公式	和田地区	和田市	和田县	墨玉县	皮山县	洛浦县	策勒县	于田县	民丰县
总量指标	净能值量	U	U=R+IR+N+IMP	1.58E+23	8.72E+21	1.70E+22	1.61E+22	1.58E+22	1.03E+22	2.26E+22	2.02E+22	4.63E+22
	总能值量	UT	UT=U+EXP+W	1.38E+25	1.57E+22	1.15E+25	4.38E+23	8.39E+23	1.46E+23	4.32E+23	3.32E+23	6.80E+22
结构指标	能值外向度	EER	(IMP+EXP)/UT	0.99	0.34	1.00	0.97	0.98	0.94	0.95	0.94	0.33
	能值自给率	ESR	(N+R+IR)/U	0.83	0.41	0.86	0.81	0.92	0.79	0.94	0.89	0.98
	能值产出率	RYR	U/UT	0.01	0.55	0.00	0.04	0.02	0.07	0.05	0.06	0.68
	净能值产出率	EYR	U/IMP	5.74	1.69	7.21	5.16	11.92	4.67	17.63	9.42	60.09
	能值投资率	EIR	IMP/(N+R+IR)	0.21	1.45	0.16	0.24	0.09	0.27	0.06	0.12	0.02
效率指标	不可更新资源代谢率	EN	N/U	0.34	0.18	0.15	0.18	0.20	0.30	0.53	0.30	0.67
	能值货币比	EG	U/GDP	9.13E+13	1.78E+13	7.82E+13	5.56E+13	8.21E+13	5.78E+13	1.81E+14	1.15E+14	7.05E+14
	能值使用强度	ED	U/Area	6.38E+11	1.87E+13	4.14E+11	6.27E+11	4.00E+11	7.33E+11	7.14E+11	5.16E+11	8.16E+11
	人均能值用量	EP	U/population	7.00E+16	2.52E+16	5.64E+16	2.82E+16	5.47E+16	3.83E+16	1.36E+17	7.26E+16	1.19E+18
压力指标	环境负载率	ELR	(N+IMP)/(R+IR)	1.08	3.35	0.41	0.59	0.40	1.05	1.44	0.67	2.24
	废弃物负载率	WR	W/R	0.24	60.52	0.06	0.25	0.26	0.27	0.10	0.11	0.02
	代谢环境效率	EW	W/U	0.09	0.78	0.03	0.10	0.15	0.09	0.03	0.05	0.01
综合指标	能值可持续指数	ESI	EYR/ELR	5.32	0.50	17.63	8.75	29.78	4.43	12.28	14.04	26.81

表 C-22 2015 年和田地区农村人居环境系统能值指标

分类	能值指标	简写	计算公式	和田地区	和田市	和田县	墨玉县	皮山县	洛浦县	策勒县	于田县	民丰县
总量指标	净能值量	U	U=R+IR+N+IMP	1.77E+23	9.95E+21	1.93E+22	2.00E+22	1.86E+22	1.27E+22	2.29E+22	2.34E+22	3.86E+22
	总能值量	UT	UT=U+EXP+W	1.34E+25	1.73E+22	1.07E+25	9.15E+23	6.71E+23	1.46E+23	4.20E+23	3.05E+23	2.09E+23
结构指标	能值外向度	EER	(IMP+EXP)/UT	0.99	0.29	1.00	0.98	0.97	0.93	0.94	0.93	0.82
	能值自给率	ESR	(N+R+IR)/U	0.82	0.52	0.88	0.84	0.87	0.77	1.00	0.85	0.99
	能值产出率	RYR	U/UT	0.01	0.58	0.00	0.02	0.03	0.09	0.05	0.08	0.18
	净能值产出率	EYR	U/IMP	5.60	2.07	8.14	6.43	7.67	4.36	—	6.52	89.92
	能值投资率	EIR	IMP/(N+R+IR)	0.22	0.94	0.14	0.18	0.15	0.30	0.00	0.18	0.01
效率指标	不可更新资源代谢率	EN	N/U	0.32	0.17	0.17	0.17	0.19	0.28	0.53	0.27	0.60
	能值货币比	EG	U/GDP	9.17E+13	1.80E+13	8.03E+13	6.23E+13	8.66E+13	6.34E+13	1.66E+14	1.21E+14	5.28E+14
	能值使用强度	ED	U/Area	7.15E+11	2.13E+13	4.70E+11	7.81E+11	4.72E+11	9.02E+11	7.26E+11	6.00E+11	6.80E+11
	人均能值用量	EP	U/population	7.63E+16	2.86E+16	5.89E+16	3.46E+16	6.29E+16	4.42E+16	1.38E+17	8.31E+16	1.00E+18
压力指标	环境负载率	ELR	(N+IMP)/(R+IR)	1.00	1.93	0.42	0.48	0.47	1.02	1.13	0.72	1.59
	废弃物负载率	WR	W/R	0.25	63.38	0.06	0.28	0.26	0.29	0.10	0.13	0.03
	代谢环境效率	EW	W/U	0.09	0.72	0.03	0.08	0.13	0.08	0.03	0.05	0.01
综合指标	能值可持续指数	ESI	EYR/ELR	5.59	1.07	19.55	13.41	16.26	4.29	—	8.99	56.53

参考文献

[1] 奥德姆.能量、环境与经济——系统分析导引[M].北京:东方出版社,1992.

[2] 鲍梓婷.景观作为存在的表征及管理可持续发展的新工具[D].广州:华南理工大学,2016.

[3] 庇古.福利经济学[M].金镝,译.北京:华夏出版社,2013.

[4] 常烃.我国北方清洁取暖补贴政策分析与思考[J].环渤海经济瞭望,2022(2):26-30,37.

[5] 常烃,牛桂敏.农村人居环境整治满意度及支付意愿的影响因素分析——基于天津市问卷的调查数据[J].干旱区资源与环境,2021,35(1):36-42.

[6] 常烃,任祝.北方地区清洁取暖补贴项目进展及优化对策研究[J].北方经济,2022(10):68-71.

[7] 陈栋,邹冬生,刘飞.广州国家农业科技园区的能值评价[J].中国生态农业学报,2007(4):161-165.

[8] 邓波,洪绂曾,高洪文.基于能值分析理论的草业生态经济系统可持续发展评价体系[J].草地学报,2004,12(3):251-255.

[9] 邸英明,成怀平,梁媛芳,等.以山西省为例清洁取暖财政支持机制探究[J].山西财税,2021,505(3):28-32.

[10] 国务院办公厅.国务院办公厅关于改善农村人居环境的指导意

见[EB/OL].国务院办公厅,2014:11 - 12. http://www. gov. cn/zhengce/content/2014 - 05/29/content_8835. htm. CNKI:SUN:HANA. 0. 2014 - 10 - 003.

[11] 何慧丽,邱建生,高俊,等.政府理性与村社理性:中国的两大"比较优势"[J].国家行政学院学报,2014(6):39 - 44.

[12] 和田地区统计局.和田统计年鉴[J].北京:中国统计出版社,2019.

[13] 贺雪峰.关于"中国式小农经济"的几点认识[J].南京农业大学学报(社会科学版),2013,13(6):1 - 6.

[14] 贺雪峰,印子."小农经济"与农业现代化的路径选择——兼评农业现代化激进主义[J].政治经济学评论,2015,6(2):45 - 65.

[15] 胡聃.从生产资产到生态资产:资产—资本完备性[J].地球科学进展,2004(2):289 - 295.

[16] 胡小东,王龙昌,薛兰兰,等.基于能值分析方法的中国西部地区农业生态系统可持续发展研究[J].西南大学学报(自然科学版),2010,32(2):7 - 12.

[17] 黄季焜,刘莹.农村环境污染情况及影响因素分析——来自全国百村的实证分析[J].管理学报,2010,7(11):1725 - 1729.

[18] 蒋和平,杨东群.新中国成立70年来我国农业农村现代化发展成就与未来发展思路和途径[J].农业现代化研究,2019,40(5):711 - 720.

[19] 赖楚杨.四十年人居运动历程中规划思维整体的演变[D].南京:南京大学,2021.

[20] 蓝盛芳,钦佩.生态系统的能值分析[J].应用生态学报,2001(1):129 - 131.

[21] 蓝盛芳,钦佩,陆宏芳.生态经济系统能值分析[M].北京:化学工业出版社,2002.

[22] 乐波.荷兰环境合作社与农村环境保护之借鉴[J].武汉理工大学学报(社会科学版),2014,27(6):1039 - 1043.

[23] 李伯华,刘沛林,窦银娣.乡村人居环境建设中的制度约束与优化路径[J].西北农林科技大学学报(社会科学版),2013,13(2):23 - 28.

[24] 李伯华,曾菊新,胡娟.乡村人居环境研究进展与展望[J].地理与地理信息科学,2008(5):70-74.

[25] 李海涛,廖迎春,严茂超,等.新疆生态经济系统的能值分析及其可持续性评估[J].地理学报,2003,58(5):765-772.

[26] 李海涛,严茂超,沈文清,等.新疆生态经济系统的能值分析与可持续发展研究[J].干旱区地理,2001(4):289-296.

[27] 李加林,张忍顺.宁波市生态经济系统的能值分析研究[J].地理与地理信息科学,2003(2):73-76.

[28] 李锦顺.城乡社会断裂和农村生态环境问题研究[J].生态经济,2005(2):28-32,35.

[29] 李双成,傅小锋,郑度.中国经济持续发展水平的能值分析[J].自然资源学报,2001,16(4):297-304.

[30] 李婷,朱琨,李子运.基于"视联网"增强现实技术的教学应用研究[J].现代教育技术,2011,21(4):145-147,135.

[31] 李王鸣,叶信岳,孙于.城市人居环境评价——以杭州城市为例[J].经济地理,1999(2):39-44.

[32] 李伟,崔丽娟,赵欣胜,等.北京翠湖湿地生态能值分析[J].林业调查规划,2014,39(3):83-86.

[33] 刘滨谊.公园城市研究与建设方法论[J].中国园林,2018,34(10):10-15.

[34] 刘建国,张文忠.人居环境评价方法研究综述[J].城市发展研究,2014,21(6):46-52.

[35] 刘金科,肖翊阳.中国环境保护税与绿色创新:杠杆效应还是挤出效应[J].经济研究,2022,57(1):72-88.

[36] 刘彦随.中国新时代城乡融合与乡村振兴[J].地理学报,2018,73(4):637-650.

[37] 龙花楼,张英男,屠爽爽.论土地整治与乡村振兴[J].地理学报,2018,73(10):1837-1849.

[38] 龙瀛,张宇,崔承印.利用公交刷卡数据分析北京职住关系和通

勤出行[J].地理学报,2012,67(10):1339-1352.

[39] 陆宏芳,蓝盛芳,李牟召,等.农业生态系统能值分析方法研究.韶关大学学报(自然科学版)[J].2000,21(4):74-78.

[40] 陆宏芳,蓝盛芳,彭少麟.系统可持续发展的能值评价指标的新拓展[J].环境科学,2003,24(3):150-154.

[41] 罗宏,张保留,王健,等.京津冀及周边地区清洁取暖补贴政策现状、问题与对策[J].中国环境管理,2020,12(2):34-41.

[42] 马冠南,徐柏琪,刘东烨,等.农村人居环境整治问题与对策探讨[J].安徽农学通报,2021,27(22):28-29.

[43] 宁越敏,查志强.大都市人居环境评价和优化研究——以上海市为例[J].城市规划,1999(6):14-19,63.

[44] 彭超,张琛.农村人居环境质量及其影响因素研究[J].宏观质量研究,2019,7(3):66-78.

[45] 彭震伟,王云才,高璟.生态敏感地区的村庄发展策略与规划研究[J].城市规划学刊,2013(3):7-14.

[46] 钦佩,安树青,颜京松.生态工程学 [M].南京:南京大学出版社,2008.

[47] 沈善瑞,陆宏芳,赵新锋,等.能值研究的几个前沿命题[J].热带亚热带植物学报,2004,12(3):268-272.

[48] 石忆邵.乡村地理学发展的回顾与展望[J].地理学报,1992,59(1):80-88.

[49] 史丹,王俊杰.生态环境的经济价值评估方法与应用[J].城市与环境研究,2016(2):3-16.

[50] 宋玲玲,何军,武娟妮,等.我国北方地区冬季清洁取暖试点实施评估研究[J].环境保护,2019,47(9):64-68.

[51] 宋齐,郑茂源,刘晓霞,等.基于生态理念的蓟州区农村人居环境评价[J].安徽农业科学,2022,50(10):181-184.

[52] 隋春花,蓝盛芳.城市生态系统能值分析(EMA)的原理与步骤[J].重庆环境科学,1999,21(2):15-17.

[53] 隋春花,蓝盛芳.广州与香港的环境经济能值分析[J].重庆环境科学,2003(1):47-48,55-62.

[54] 隋春花,蓝盛芳.广州与上海城市生态系统能值的分析比较[J].城市环境与城市生态,2006(4):1-3.

[55] 隋春花,蓝盛芳.广州城市生态系统能值分析研究[J].重庆环境科学,2001(5):4-6,23.

[56] 孙慧波,赵霞.中国农村人居环境质量评价及差异化治理策略[J].西安交通大学学报(社会科学版),2019,39(5):105-113.

[57] 谭少华,段炼,赵万民,等.基于能值分析的人居环境建设系统价值评价[J].城市规划学刊,2009(3):53-57.

[58] 谭少华,赵万民.人居环境建设可持续评价的能值指标构建[J].城市规划学刊,2008(5):97-101.

[59] 唐宁,王成,杜相佐.重庆市乡村人居环境质量评价及其差异化优化调控[J].经济地理,2018,38(1):160-165,173.

[60] 汪殿蓓.环境与经济财富价值衡量方法之比较研究[J].湖北工程学院学报,2002,22(1):82-85.

[61] 王瑞睿.农村生态环境保护的分区体系与方法研究——以宜兴市为例[D].南京:南京农业大学,2012.

[62] 王石磊.西安城市化与生态效应研究[D].西安:陕西师范大学,2009.

[63] 王国刚,杨德刚,张新焕,等.基于能值理论的生态足迹改进模型及其应用[J].中国科学院研究生院学报,2012,29(3):352-358.

[64] 王婧.基于能值分析的中国对外贸易生态利益研究[D].杭州:浙江大学,2009.

[65] 王小利.坝上地区农业生态经济系统能值分析及生态农业发展初探[D].北京:首都师范大学,2004.

[66] 卫滨,朱凌云,余泠.生态环境价值评估方法浅析[J].中国资产评估,2021(11):24-27.

[67] 魏伟,石培基,冯海春,等.干旱内陆河流域人居环境适宜性评

价——以石羊河流域为例[J].自然资源学报,2012,27(11):1940 - 1950.

[68] 温铁军.我国为什么不能实行农村土地私有化[J].红旗文稿,2009(2):15 - 17.

[69] 吴重庆,张慧鹏.以农民组织化重建乡村主体性:新时代乡村振兴的基础[J].中国农业大学学报(社会科学版),2018,35(3):74 - 81.

[70] 吴良镛.关于人居环境科学[J].城市发展研究,1996(1):1 - 5,62.

[71] 吴良镛.芒福德的学术思想及其对人居环境学建设的启示[J].城市规划,1996(1):35 - 41,48.

[72] 吴良镛.人居环境科学导论[M].北京:中国建筑出版社,2001.

[73] 吴良镛.人居环境科学的探索[J].规划师,2001(6):5 - 8.

[74] 吴霜,延晓冬,张丽娟.中国森林生态系统能值与服务功能价值的关系[J].地理学报,2014,69(3):334 - 342.

[75] 武娟妮,宋玲玲,王佳宁,等.补贴与价格优惠政策对北方农村清洁取暖费用影响[J].地方财政研究,2021(5):65 - 74,112.

[76] 谢高地,鲁春霞,甄霖,等.生态赤字下非再生资源对生态空间的替代作用[J].资源科学,2006(5):2 - 7.

[77] 严茂超,Odum H T.西藏生态经济系统的能值分析与可持续发展研究[J].自然资源学报,1998(2):20 - 29.

[78] 严茂超,李海涛.美国经济与消费格局的新透视——从能值分析结论看美国[J].世界科技研究与发展.,2001(3):59 - 65.

[79] 严茂超,李海涛,程鸿,等.中国农林牧渔业主要产品的能值分析与评估[J].北京林业大学学报,2001(6):66 - 69.

[80] 闵庆文,谢高地,胡聃,等.青海草地生态系统服务功能的价值评估[J].资源科学,2004(3):56 - 60.

[81] 杨帅,温铁军.经济波动、财税体制变迁与土地资源资本化——对中国改革开放以来"三次圈地"相关问题的实证分析[J].管理世界,2019,10(4):32 - 41,187.

[82] 杨旭东,单明,邢永杰,等.我国北方农村清洁取暖适宜模式研

究——基于河南省鹤壁市和山东省商河县的实践[J].环境与可持续发展,2021,46(3):67-74.

[83] 姚娟.新疆大喀纳斯旅游区游客的生态系统服务消耗研究[J].冰川冻土,2016(3):853-863.

[84] 于法稳,郝信波.农村人居环境整治的研究现状及展望[J].生态经济,2019,35(10):166-170.

[85] 袁闪闪,张宇峰,肖慧.清洁取暖用户侧建筑能效提升方案研究及实施建议[J].建设科技,2021(15):18-22,27.

[86] 曾菊新,杨晴青,刘亚晶,等.国家重点生态功能区乡村人居环境演变及影响机制——以湖北省利川市为例[J].人文地理,2016,31(1):81-88.

[87] 曾哲.民主德国农业集体化的特点及启示研究[J].华中农业大学学报(社会科学版),2020(2):143-152,169-170.

[88] 张改景,龙惟定,苑翔.区域建筑能源规划系统的能值分析研究[J].建筑科学,2008,24(12):22-26.

[89] 张弓,何倩,全力.北方农村地区"气代煤"价格成本问题及对策建议[J].宏观经济管理,2021(6):83-90.

[90] 张文忠,谌丽,杨翌朝.人居环境演变研究进展[J].地理科学进展,2013,32(5):710-721.

[91] 张欣慧.基于能值分析的重庆市人居环境建设可持续性评价——基础设施视角[D].重庆:重庆大学,2012.

[92] 张妍,杨志峰.一种分析城市代谢系统互动关系的方法[J].环境科学学报,2009(1):217-224.

[93] 张耀辉,蓝盛芳,陈飞鹏.海南省农业能值分析[J].生态与农村环境学报,1999(1):5-9.

[94] 张耀军,成升魁,闵庆文,等.资源型城市生态经济系统的能值分析[J].长江流域资源与环境,2004,13(3):218-222.

[95] 张云路,关海莉,李雄.从园林城市到生态园林城市的城市绿地系统规划响应[J].中国园林,2017,33(2):71-77.

[96]　张子龙,陈兴鹏,焦文婷,等.基于能值理论的环境承载力定量评价方法探讨及其应用[J].干旱区资源与环境,2011,25(8):18－23.

[97]　赵景柱,罗祺姗,严岩,等.完善我国生态补偿机制的思考[J].宏观经济管理,2006(8):53－54.

[98]　赵梦雪,冯相昭,杜晓林,等.典型区县农村冬季取暖"煤改电"推进案例分析[J].环境与可持续发展,2020,45(3):33－36.

[99]　赵颖文,吕火明.刍议改革开放以来中国农业农村经济发展:主要成就、问题挑战及发展应对[J].农业现代化研究,2019,40(3):377－386.

[100]　支国瑞,杨俊超,张涛,等.我国北方农村生活燃煤情况调查、排放估算及政策启示[J].环境科学研究,2015,28(8):1179－1185.

[101]　钟兴菊,龙少波.环境影响的 IPAT 模型再认识[J].中国人口·资源与环境,2016,26(3):61－68.

[102]　周连第,胡艳霞,严茂超,等.生态经济系统能值分析——以北京密云县为例[J].地理科学进展,2006(5):94－104.

[103]　周卫青,吴华成,李朋,等.基于实测的北方地区不同清洁取暖方式环境效益对比研究[J].环境污染与防治,2021,43(4):416－420.

[104]　朱彬,张小林,尹旭.江苏省乡村人居环境质量评价及空间格局分析[J].经济地理,2015,35(3):138－144.

[105]　朱丽.黄土高原沟壑区两个尺度的农果复合型生态系统能值分析[D].杨凌:西北农林科技大学,2014.

[106]　朱燕燕.北京市环境—经济系统基于能量的协调发展评估——EMA 能值分析研究[D].北京:中国科学院研究生院(工程热物理研究所),2002.

[107]　祖元刚.能量生态学引论[M].长春:吉林科学技术出版社,1990.

[108]　Aguilar A G. Peri-urbanization,Illegal Settlements and Environmental Impact in Mexico City[J]. Cities,2008,25(3):133－145.

[109]　Ang B W,Choi K H. Decomposition of Aggregate Energy and Gas Emission Intensities for Industry:A Refined Divisia Index Method[J]. Energy

Journal. 1998,18(3):59 –73.

[110]　Ang B W,Zhang F Q. A Survey of Index Decomposition Analysis in Anergy and Environmental Studies[J]. Energy. 2014,25(12):1149 –1176.

[111]　Backstrand K. Multi-stakeholder Partnerships for Sustainable Development:Rethinking Legitimacy, Accountability and Effectiveness [J]. Environmental Policy & Governance,2006,16(5):290 –306.

[112]　Bardhan P. Analytics of the Institutions of Informal Cooperation Inrural Development[J]. World Development,1993,21(6588):255 –257.

[113]　Berger A,Hodge R. Natural Change in the Environment:A Challenge to the Pressure-state-response Concept [J]. Social Indicators Research,1998,44(2):255 –265.

[114]　Bjärstig T,Sandström C. Public-private Partnerships in a Swedish rural Context-A policy Tool for the Authorities to Achieve Sustainable Rural Development? [J]. Journal of Rural Studies,2017(49):58 –68.

[115]　Brandt-Williams S. Folio #4:Emergy of Florida Agriculture [M]. Handbook of Emergy Evaluation A Compendium of Data for Emergy Computation Issued in a Series of Folios. Gainesville:Center for Environmental Policy,University of Florida,2002.

[116]　Brouwer F,Heide M. Multifunctional Rural Land Management:Economics and Policies[M]. London:Earthscan,2009.

[117]　Brown M T,Bardi E. Folio #3:Emergy of Ecosystems [M]. Handbook of Emergy Evaluation A Compendium of Data for Emergy Computation Issued in a Series of Folios. Gainesville:Center for Environmental Policy,University of Florida,2001.

[118]　Brown M T,Ulgiati S. Assessing the Global Environmental Sources Driving the Geobiosphere:A revised Emergy Baseline[J]. Ecological Modelling. 2016,339:126 –132.

[119]　Campbell D E,Wigand C,Schuetz N B. The Real Wealth Purchased in a Fish Dinner[C]. Emergy Synthesis 8:Theory and Applications of the

Emergy Methodology,2015.

[120] Casler S D,Rose A. Carbon Dioxide Emissions in the U. S. Economy:A Structural Decomposition Analysis[J]. Environmental & Resource Economics. 1998,11(3):349 –363.

[121] Cloke P. Conceptualizing Rurality[M]. London:Sage,2006.

[122] Commission E. Agenda 2000:For a Stronger and Wider Union[R]. Brussels:CEC,1997.

[123] Commission E,Overview of CAP Reform 2014—2020[R]. Brussels:Unit for Agricultural Policy Analysis and Perspectives,Directorate-General for Agriculture and Rural Development,2013.

[124] Connell J,Page S J,Bentley T. Towards Sustainable Tourism Planning in New Zealand:Monitoring Local Government Planning under the Resource Management Act[J]. Tourism Management,2009,30(6):867 –877.

[125] Costanza,R,Arge,Groot,RD. The Value of the World's Ecosystem Services and Natural Capital[J]. Nature,1997,387(15):253 –260.

[126] Cox G,Lowe P,Winter M. Agriculture:People and Policies[M]. London:Allen and Unwin,1986.

[127] Dax T,Fischer M. An Alternative Policy Approach to Rural Development in Regions Facing Population Decline[J]. European Planning Studies, 2017,26(2):297 –315.

[128] Doxiadis C A. Ekistics and Regional Science[J]. Ekistics,1962,14 (84):193 –200.

[129] Doxiadis C A. Ekistics,the Science of Human Settlements[J]. Science,1970,170(3956):393 –404.

[130] Ehrlich P R,Holdren J P. Impact of Population Growth[J]. Science. 1971,171(3977):1212.

[131] Evans N,Morris C,Winter M. Conceptualizing agriculture:Acritique of post-productivism as the new orthodoxy[J]. Progress in Human Geography,2002,26(3):313 –332.

[132] Fidler D, Olson R, Bezold C. Evaluating a Long-term Livable Communities Strategy in the Us[J]. Futures, 2011, 43(7):690 – 696.

[133] Fonseca A M P, Marques C A F, Pinto-Correia T. Emergy analysis of a silvo-pastoral system, a case study in southern Portuga[J]. Agroforestry Systems. 2015, 90(1):1 – 21.

[134] González-Mejía A M, Ma X C. The Emergy Perspective of Sustainable Trends in Puerto Rico From 1960 to 2013[J]. Ecological Economics. 2017 (133):11 – 22.

[135] Harrington L M B. Alternative and Virtual Rurality: Agriculture and the Countryside as Embodied in American Imagination[J]. Geographical Review, 2018, 108(2):250 – 273.

[136] Huylenbroeck G V, Durand G. Multifunctional Agriculture: A New Paradigm for European Agriculture and Rural Development [M]. UK: Ashgate Publishing Ltd. , 2003.

[137] Kangas R C. Folio #5: Emergy of Landforms [M]. Handbook of Emergy Evaluation A Compendium of Data for Emergy Computation Issued in a Series of Folios. Gainesville: Center for Environmental Policy, University of Florida, 2002.

[138] Glaser B, Strauss A. The Discovery of Grounded Theory: Strategies for Qualitative Research [M]. Chicago: Aldine Press Company, 1967: 10 – 30.

[139] Halfacree K. Contrasting Roles for the Post-Productivist Countryside [M]//Cloke P, Little J. Contested Countryside Cultures. London: Routledge. 1997: 70 – 93.

[140] Heckelei T. Conclusions: The State-of-the-Art of Farm Modelling and Promising Directions[M]. Boston: CABI, 2016: 206 – 213.

[141] Hedlund M, Lundholm E. Restructuring of Rural Sweden-Employment Transition and Out-migration of Three Cohorts Born 1945—1980[J]. Journal of Rural Studies, 2015(42):123 – 132.

[142] Jongeneel R A, Nico B P P, Louis H G S. Why are Dutch farmers

going multifunctional? ［J］. Land Use Policy,2008,25(1):81 – 94.

［143］ Kolstad C D. Energy and Depletable Resoruces: Economics and Policy 1973—1998［J］. Journal of Environmental Economics & Management, 2000,39(3):282 – 305.

［144］ Komeily A,Srinivasan R S. A Need for Balanced Approach to Neighborhood Sustainability Assessments: a Critical Review and Analysis［J］. Sustainable Cities and Society,2015(18):32 – 43.

［145］ Leontiel W,Ford D. Air Pollution and the Economic Structure: Empirical Results of Inpute-Output Economics［J］. Inpute-Output Techniques,1972.

［146］ Li L,Lu H,Tilley D R,et al. Emergy Assessment of the Benefits of Closed-loop Recycling Accounting for Material Losses［J］. Ecological Modelling. 2015(315):377 – 387.

［147］ Liu G,Brown M T,Casazza M. Enhancing the Sustainability Narrative through a Deeper Understanding of Sustainable Development Indicators［J］. sustainability. 2017,9(6):1078.

［148］ Liu Y,Li Y. Revitalize the World's Countryside［J］. Nature,2017, 548(7667):275 – 277.

［149］ Liu Z,Geng Y,Hung-Suck P,et al. An Emergy-based Hybrid Method for Assessing Industrial Symbiosis of an Industrial Park［J］. Journal of Cleaner Production. 2016(114):132 – 140.

［150］ Liu Z,Geng Y,Ulgiati S,et al. Uncovering Key Factors Influencing one Industrial Park's Sustainability: A Combined Evaluation Method of Emergy Analysis and Index Decomposition Analysis［J］. Journal of Cleaner Production. 2015(114):141 – 149.

［151］ Marsden T,Murdoch J,Lowe P. Constructing the Countryside［M］. London: UCL Press,1993.

［152］ Macleod G. New Regionalism Reconsidered: Globalization and the Remaking of Political Economic Space［J］. International Journal of Urban & Regional Research,2001,25(4):804 – 829.

[153] Mayhew A. Rural Settlement and Farming in Germany[M]. London:Batsford,1973.

[154] Tuxworth B. From Environment to Sustainability:Surveys and Analysis of Local Agenda 21 Process Development in Uk Local Authorities[J]. Local Environment,1996,1(3):277 – 297.

[155] Morrison T H,Lane M B,Hibbard M. Planning,governance and rural futures in Australia and the USA:Revisiting the case for rural regional planning[J]. Journal of Environmental Planning and Management,2015,89(9):1601 – 1616.

[156] Murdoch J. Networks-A new Paradigm of Rural Development?[J]. Journal of Rural Studies,2000,16(4):407 – 419.

[157] Murdoch J. Networking Rurality:Emergent Complexity in the Countryside[M]. London:Sage,2006:171 – 184.

[158] Odum H T. System Ecology [M]. New York:John Wiley and Sons,1983.

[159] Odum H T. Self-organization,Transformity,and Information[J]. Science. 1988,242(4882):1132.

[160] Odum H T. Environmental Accounting:Emergy and Decision Making [M]. New York:John Wiley,1996.

[161] Odum H T. Folio #2:Emergy of Global Processes [M]. Handbook of Emergy Evaluation A Compendium of Data for Emergy Computation Issued in a Series of Folios. Gainesville:Center for Environmental Policy,University of Florida,2000.

[162] Parker G. Citizenships,Contingency and the Countryside:Rights, Culture,Land and the Environment[M]. London:Routledge,2002.

[163] Odum H T,Brown M T,Brandt-Williams S. Handbook of Emergy Evaluation A Compendium of Data for Emergy Computation Issued in a Series of Folios [M]. Gainesville: Center for Environmental Policy, University of Florida,2000.

[164] Potter C, Tilzey M. Agricultural Policy Discourses in the European post-fordist Transition: Neoliberalism, Neomercantilism and Multifunctionality [J]. Progress in Human Geography, 2005, 29(5):581 – 600.

[165] Qu L, Shi X, Liu C, et al. An Emergy-Based Hybrid Method for Assessing Sustainability of the Resource-Dependent Region [J]. sustainability. 2017, 9(1):153.

[166] Rees, WE. Ecological Footprints and Appropriated Carrying Capacity [J]. Environment and Urbanization, 1992, 4(2):120 – 130.

[167] Rivera M, Knickel K, Rios I D L, et al. Rethinking the Connections Between Agricultural Change and Rural Prosperity: A Discussion of Insights Derived from Case Studies in Seven Countries [J]. Journal ofRural Studies, 2017 (59):242 – 251.

[168] Siche J R, Agostinho F, Ortega E. Sustainability of Nations by Indices: Comparative Study Between Environmental Sustainability Index, Ecological Footprint and the Emergy Performance Indices [J]. Ecological Economics. 2008, 66(4):628 – 637.

[169] Simon J L. The Ultimate Resource [M]. New Jersey: Princeton University Press, 1981.

[170] Streck C. Global Public Policy Networks as Coalitions for Change [M]. New Haven, CT: Yale School of Forestry and Environmental Studies, 2002.

[171] Terluin I J. Differences in Economic Development in Rural Regions of Advanced Countries: An Overview and Critical Analysis of Theories [J]. Journal of Rural Studies, 2003, 19(3):327 – 344.

[172] Ulgiati S, Brown M T. Monitoring Patterns of Sustainability in Natural and Man-made Ecosystems [J]. Ecological Modelling. 1998, 108 (1 – 3):23 – 36.

[173] Vereijken P H, Hermans C M L, Naeff H S D. Impact of Liberalisation of Food and Land Markets on Agrarian Land Use in the EU [M]. Nottingham: Nottingham University Press, 2005.

[174] VON Thünen J H. Der Isolirte Staat in Beziehung Auf Landwirth-

schaft Und Nationalökonomie[M]. Leopold,1842.

[175]　Walford N. Productivism is Allegedly Dead, Long Live Productivism. Evidence of Continued Productivist Attitudes and Decision-making in South-East England[J]. Journal of Rural Studies,2003,19(4):491 –502.

[176]　Wang Y, Moskovits D K. Tracking Fragmentation of Natural Communities and Changes in Land Cover:Applications of Landsat Data for Conservation in an Urban Landscape(chicago Wilderness)[J]. Conservation Biology,2001,15(4):835 –843.

[177]　Weinzettel J, Kovanda J. Structural Decomposition Analysis of Raw Material Consumption [J]. Journal of Industrial Ecology. 2011, 15 (6): 893 –907.

[178]　Wilson G A. From Productivism to Post-productivism . . . and back again? Exploring the (Un)changed Natural and Mental Landscapes of European agriculture[J]. Transactions of the Institute of British Geographers,2001,26(1): 77 –102.

[179]　Wilson G A. The Australian Landcare Movement:Towards "Post-productivist" Rural Governance? [J]. Journal of Rural Studies, 2004, 20(4): 461 –484.

[180]　Wilson G A. From "Weak" to "Strong" Multifunctionality:Conceptualising Farm-level Multifunctional Transitional Pathways[J]. Journal of Rural Studies,2008,24(3):367 –383.

[181]　Wilson G A, Burton R J F. "Neo-productivist" Agriculture:Spatio-temporal Versus Structuralist Perspectives [J]. Journal of Rural Studies, 2015 (38):52 –64.

[182]　Xu X, Ang B. Index Decomposition Analysis Applied to CO_2, Emission Studies[J]. Ecological Economics. 2013,93(5):313 –329.

[183]　Yuliastuti N, Saraswati N. Environmental Quality in Urban Settlement:the Role of Local Community Association in East Semarang Sub-district [J]. Procedia-social and Behavioral Sciences,2014(135):31 –35.

［184］ Zhang F Q, Ang B W. Methodological Issues in Cross-country/Region Decomposition of Energy and Environment Indicators[J]. Energy Economics. 2001,23(2):179－190.

［185］ Zhang H, Qi Y. A Structure Decomposition Analysis of China's Production-Source CO_2 Emission:1992—2002[J]. Environmental & Resource Economics. 2011,49(1):65－77.